十万个高科技为什么

第二辑

南方科技大学 组织编写

李凤亮 刘青松 主编

ENCYCLOPEDIA

FOR

HIGH-TECH WHYS

SPM 南方出版传媒

广东科技出版社 | 全国优秀出版社

·广州·

图书在版编目（CIP）数据

　　十万个高科技为什么. 第二辑 / 李凤亮，刘青松主编. —广州：广东科技出版社，2021.11（2021.12重印）
　　ISBN 978-7-5359-7760-1

　　Ⅰ.①十… Ⅱ.①李… ②刘… Ⅲ.①高技术—普及读物 Ⅳ.①TB-49

　　中国版本图书馆CIP数据核字（2021）第208259号

十万个高科技为什么　第二辑
SHIWAN GE GAOKEJI WEISHENME DI-ER JI

出　版　人：严奉强
选题策划：严奉强　刘　耕
责任编辑：刘　耕　刘锦业
封面设计：刘　萌
责任校对：于强强　高锡全
责任印制：彭海波
出版发行：广东科技出版社
　　　　　（广州市环市东路水荫路11号　邮政编码：510075）
销售热线：020-37607413
http://www.gdstp.com.cn
E-mail：gdkjbw@nfcb.com.cn
经　　销：广东新华发行集团股份有限公司
排　　版：创溢文化
印　　刷：广州市岭美文化科技有限公司
　　　　　（广州市荔湾区花地大道南海南工商贸易区A幢　邮政编码：510385）
规　　格：787mm×1 092mm　1/16　印张15.5　字数310千
版　　次：2021年11月第1版
　　　　　2021年12月第2次印刷
定　　价：68.00元

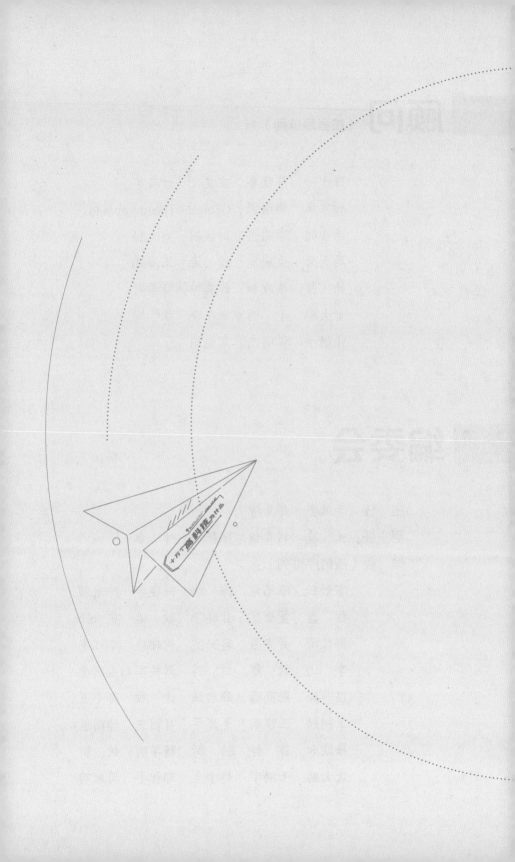

主　　编：李凤亮　刘青松

副 主 编：张　凌　陈跃红

学科统筹（按音序排列）：

　　　　白家鸣　郭传飞　李才恒　李闯创　刘泉影　鲁大为　罗　丹
　　　　谭　斌　唐　博　郑　一

编写人员（按音序排列）：

　　　　白家鸣　柏　浩　蔡志扬　陈　洪　陈　锐　陈树明　陈永新
　　　　陈子楠　程　春　程玉宇　邓义飞　丁巍伟　冯　炼　高　娴
　　　　葛景全　韩　琦　何　珊　洪泽浚　侯　超　胡晨旭　胡　清
　　　　华煜晖　黄锦涛　寒林旎　姜兆霞　蒋鹏英　蒋　伟　柯文德
　　　　雷　雯　李金华　李鹏飞　李　涛　李依明　刘　畅　刘凯军
　　　　刘鲁川　刘青松　刘舒旗　刘校辰　刘　宇　刘煜琦　罗光富
　　　　罗　雪　马近远　牛松岩　桑亚迪　邵子钰　石　润　宋潮龙
　　　　孙大陟　孙　珍　谭　斌　唐建波　田　展　万敏平　汪　飞
　　　　王　超　王　莅　王　锐　王　焱　王誉泽　王钟颖　吴明雨
　　　　吴　岩　夏海平　徐柳娜　严　硕　曾进炜　曾芝瑞　章　程
　　　　张锋巍　张建国　张铁龙　张　巍　张元竹　张　政　周　雷
　　　　朱　帅　庄兆丰

特约编辑：冯爱琴

编辑助理（按音序排列）：

　　　　崔　繁　盖聪聪　黄　萍　刘　绪　马近远　庞翠琼　张诗琪

绘　　图（按音序排列）：

　　　　陈　悦　李　娜　丘　妍　王　林　薛毅恒　张依林

参编单位：南方科技大学教授会
　　　　　南方科技大学宣传与公共关系部
　　　　　南方科技大学教育基金会
　　　　　南方科技大学人文社会科学学院

主 编
Chief Editor

李凤亮

　　南方科技大学党委书记、人文中心讲席教授，暨南大学文学博士，中山大学博士后，美国南加州大学访问学者。享受国务院政府特殊津贴专家，国家"万人计划"宣传思想文化领军人才，中宣部文化名家暨"四个一批"人才，"百千万人才工程"国家级人选及"有突出贡献中青年专家"，教育部"新世纪优秀人才支持计划"入选者，教育部艺术学理论类专业教学指导委员会委员，广东省优秀社会科学家，广东省宣传思想文化领军人才，广东省高校"千百十工程"省级学术带头人培养对象，广东省委宣传部及省文联"新世纪之星"入选者，深圳市国家级高层次专业领军人才，第三届"鹏城杰出人才奖"获得者。兼任中国世界华文文学学会副会长、中国文化产业研究会副会长、海峡两岸文化创意产业高校研究联盟副理事长、中国外国文论与比较诗学研究会副会长等。研究领域为文艺理论、文化创意产业和城市文化。

刘青松

　　南方科技大学海洋科学与工程系讲席教授，明尼苏达大学博士，欧盟玛丽·居里学者。获得国家杰出青年科学基金资助，入选国家"万人计划"。为教育部长江学者特聘教授、中国科学院大学岗位教授、青岛海洋与技术国家实验室首批"鳌山人才"卓越科学家，荣获"全国模范教师"称号。荣获美国明尼苏达大学百年百名华裔优秀校友奖。主要从事古地磁学基本理论及其在地学中应用的基础与综合研究，在岩石与矿物的复杂磁性机理、沉积剩磁获得机理与地球磁场演化、海洋磁学、大陆架沉积物年代学与古环境演化等方面取得了重要成果。

副主编
Associate Editor

张 凌

　　南方科技大学党委常委、宣传与公共关系部部长。文学硕士，教育学博士。主要从事大学学科组织建设和大学文化传播研究，在推动大学科技传播方面积极探索，以南方科技大学为平台策划了一系列科学传播项目。

陈跃红

　　南方科技大学人文中心讲席教授，人文社会科学学院院长，人文中心主任。曾任北京大学人文特聘教授（比较文学与世界文学）、博士生导师（比较诗学与比较文学理论方向）、中文系系主任。享受国务院政府特殊津贴专家，中英双语杂志《比较文学与世界文学》双主编，2015年国家社科基金重大项目"国民语文能力研究暨测试系统分类建设"首席专家。现任中国比较文学学会副会长兼组织委员会主任，中国比较文学教学研究会副会长，北京市比较文学学会副会长。研究方向为比较文学理论、比较诗学、中国古代文学批评理论的跨文化研究、20世纪西方中国文学研究的理论与方法、中西文化关系研究等。

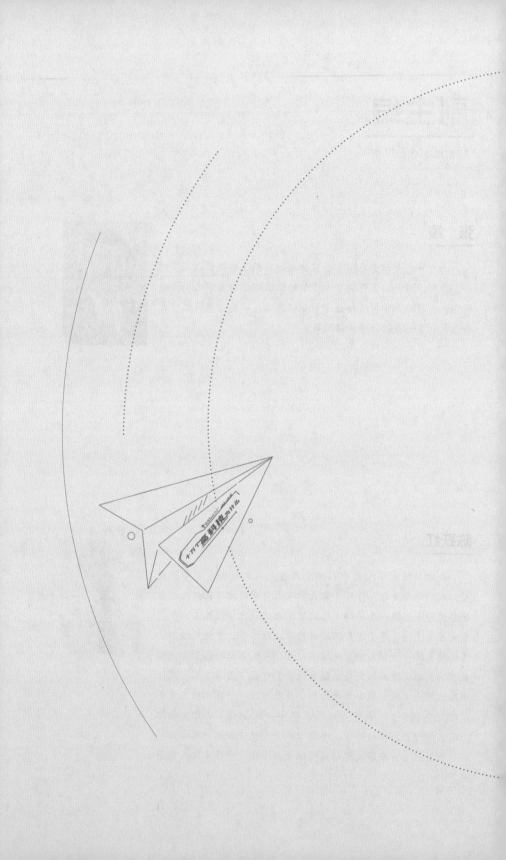

Foreword
前　言

　　毫无疑问，21世纪是高科技的时代，人们对科技历史的追溯从1个世纪缩短为10年甚至一两年。高科技之"高"表现得"惊为天人"，创造出许多过去只存在于想象中的奇迹；高科技发展之"快"，用"日新月异"已不足以形容。那么，高科技到底是什么？高科技离我们的日常生活究竟有多近？应该如何去认识高科技、学习高科技、发展高科技？……关于高科技，我们有十万个"为什么"需要去解答。为此，南方科技大学的教授们走在前列，一边尽力研究高科技，一边为高科技"开课"。《十万个高科技为什么》由此而生。

　　大学是科学研究的主要场所，也是知识创新的始发地与聚集地，天然具有科学传播的职责和优势，创建于中国高等教育改革发展背景下的南方科技大学尤其如此。南方科技大学的发展愿景是建成以理、工、医为主，兼具商科和特色人文社会学科的世界一流研究型大学，成为引领社会发展的思想库和新知识、新技术的源泉。目前，学校已初步构建了理学院、工学院、医学院、生命科学学院、商学院、人文社会科学学院、创新创意设计学院和创新创业学院的办学框架，形成了"数理化天地生"的基础学系，以及一批以材料、电子、计算机、航空、环境、海洋为代表的应用交叉学系。学校还建立了深圳首个以诺贝尔奖得主命名的研究院——格拉布斯研究院，成立了前沿交叉研究院、量子科学与工程研究院、深圳市第三代半导体研究院、材料基因组研究院、人工智能研究院等，同时布局了较高水平的冷冻电镜实验室，在大数据、人工智能、海洋工程、能源环境、生物医学、医疗新材料等高科技领域不断创造新技术成果。

　　南方科技大学校长、中国科学院院士薛其坤认为，科技对于一个国家的实力提升、经济的快速发展非常重要。中国科学家是开放的、有使命感的，有能力为世界科技的发展和人类文明贡献力量。再过30年，中国科研的主力军一定是现在的青少年朋友们。地处高科技前沿城市的南方科技大学，带着深圳的创新基因，不仅"创知、创新"，而且"创业"，聚焦社会发展实际需求，努力促使科研知识转化为现实的生产力，并通过各种形式普及传播科技知识，力求在"高冷"的高科技知识和普罗大众的日常之间架起桥梁。南方科技大学的"教授科普团"活跃于市民文化大讲堂和全国的大、中、小学，科技考古、科技伦理、科学传播成为学校"新文科"发展的重要方向。此外，学校正积极筹建面向未来的科技博物馆，创办弘扬科学文化的学术刊物……出版《十万个高科技为什么》，正是学校大力推广科技文化的重要举措。

如今，文化引领已成为除人才培养、科技创新、社会服务之外，现代大学的主要职能之一。中国科学院院士、南方科技大学原校长陈十一认为，南方科技大学应聚焦需求，服务创新型国家，服务深圳现代化、国际化。南方科技大学教授会、宣传与公共关系部联合发起编撰的《十万个高科技为什么》，由一批年轻的海归教授们主笔，以最新的科研成果为基础，面向当代科技发展前沿，试图为广大学生、科技爱好者提供一个平台，认识高科技、了解高科技，传播科技文化知识，促进科技创新，为我国建设科技强国尽绵薄之力。这也正是南方科技大学履行大学社会职能的重要体现。

特别令人高兴的是，《十万个高科技为什么》也是南方科技大学师生通力协作的成果。老师们提出选题方向，同学们参与收集资料，学生社团还为本书专门绘制了精美的图片。教授们撰写的初稿首先在学生中征求意见、听取反馈。这一教学相长、师生互动的过程，本身就体现了一种科学精神和现代传播理念，值得大力弘扬。《十万个高科技为什么　第一辑》出版后，反响热烈，深圳乃至全国其他高校和科研院所的科技工作者们也纷纷加入编写团队，我们希望这支科普队伍越来越壮大。

我们衷心期待，随着时代发展和科技进步，不断创新内容和传播方式，《十万个高科技为什么》能够打造成为传播科学精神、构建科技文化的一个品牌。

李凤亮

（南方科技大学党委书记、讲席教授）

2021年8月于深圳

Contents

目 录

01 科技热点篇
Hot Topics in Science and Technology

02 电子与信息篇
Electronics and Information

03 材料与化学篇
Materials and Chemistry

04 生物与科技篇
Biology and Technology

05 地球与环境篇
Earth and Environment

科技热点篇

Hot Topics in Science and Technology

01

人类为什么要探测火星

火星，因表面遍布赤铁矿而在夜空中呈现红色。在古罗马，火星被视为战争之神，火星英文名"Mars"正来源于此。我国五行学说认为，"金木水火土"这五种元素分别在天上形成了金星、木星、水星、火星、土星。火星又因其亮度和运行轨迹经常变化而令古人迷惑，故被称为"荧惑"。荧惑在"心宿二"附近逆行，这种现象被称为"荧惑守心"，是古代中国占星学中最凶的天象，被视作皇帝驾崩的征兆。而实际上，火星亮度和运行轨迹的周期性变化只不过是由火星绕太阳公转时相对于地球的位置和间距发生变化引起的。

火星与地球的轨道会合周期为780天，即地、火两星每隔780天出现一次最短间距，因此火星探测器的发射窗口之间相隔约26个月。作为发射窗口年的2020年，是一个热闹的火星探测年。2020年7月20日，阿联酋的"希望号"（Al-Amal）火星探测器发射升空，拉开了年度火星探测的序幕。随后，7月23日我国首颗独立设计并制造的火星探测器"天问一号"顺利发射，拟对火星开展综合性探测，研究火星演化，以及火星磁层、大气、表面环境和内部构造[1]。7月30日，美国发射了"毅力号"（Perseverance）火星车，开启了对火星微生物的搜寻之旅。迄今为止，人类已经开展了47次火星探测计划，火星成为除地球之外人类探测次数最多的行星。

为什么各国都如此热衷于探测火星呢？

作为太阳系中的近邻，火星和地球拥有太多相似之处（参数对比如图1-1所示）。火星是一颗类地行星，和地球在同一时期形成，拥有和地球类似的早期环境，理论上也和地球一样位于宜居带之中。虽然现在的火星干燥、荒芜、大气稀薄，但是其表面干涸的水系、湖泊、海洋盆地，以及大气层中氩同位素丰度[2]，都表明火星早期也曾是一个温暖、湿润的星球。既然生命可以在地球上出现，那么就没有理由排除早期火星上存在生命的可能性。

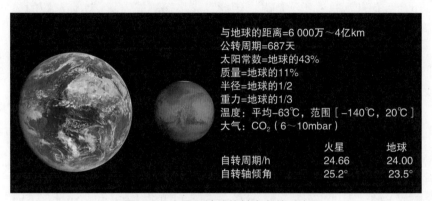

与地球的距离=6 000万～4亿km
公转周期=687天
太阳常数=地球的43%
质量=地球的11%
半径=地球的1/2
重力=地球的1/3
温度：平均-63℃，范围［-140℃，20℃］
大气：CO_2（6～10mbar）

	火星	地球
自转周期/h	24.66	24.00
自转轴倾角	25.2°	23.5°

● 图1-1　火星和地球的基本参数对比图

注：1mbar=100Pa。

火星上是否存在过生命？现今是否依然存在生命？这些问题吸引着人们不断开展火星探测行动。

人们对火星生命的好奇可以追溯到19世纪。1877年，意大利天文学家乔瓦尼·维尔吉尼奥·斯基帕雷利（Schiaparelli Giovanni Virginio）绘制了第一张火星"地图"。他通过望远镜在火星的明亮区域观测到一些细长的条纹，便将其命名为"渠道"（Canali，有"运河"的意思）。此后，火星生命和火星的宜居性进入了大众视野，火星人成为科幻小说的常客。1938年，美国哥伦比亚广播公司播发了一部关于火星人入侵地球的科幻小说，因其以新闻形式播出，引发了数百万听众的恐慌，很多美国人甚至举家逃亡。

1957年，随着世界上第一颗人造卫星顺利升空，人类进入了太空时代，对火星的探测也提上了日程。1965年，美国探测器"水手"（Mariner）4号首次飞掠火星，传回了22张火星照片。通过这些照片，人类才发现火星表面是一个干燥、荒凉、没有显著地质活动的世界。自那以后，学界不再认为火星上存在高等生物，即使有生物存在，估计也只是像细菌一样的微生物。火星地质活动十分微弱，表面依然存留着几十亿年前的样貌。如果火星存在过生命，那么生命起源时的各种化学活动迹象就有可能保存到现在，这些迹象将为我们解答生命如何起源这一重大问题。因此，火星探测成为研究生命起源的最佳手段。

1971年，"水手"9号进入火星轨道，成为火星的第一颗人造卫星，它为人类拍摄了很多地面望远镜无法获得的火星地表细节特征。1976年，"海盗"（Viking）1号和2号先后完成了在火星表面软着陆的壮举，并拍摄了大量火星河谷的照片，自此开启了搜寻火星地表生命的征途。之后，美国的"机遇号"（Opportunity）和"勇气号"（Spirit）发现火星地表下面有水存在，欧洲航天局（简称欧空局或ESA）的"火星快车"（Mars Express）利用雷达在火星南极冰层下面发现了一处充满液态水的湖泊。2018年，美国"好奇号"（Curiosity）在火星盖尔环形山发现有机物。2019年，美国的"洞察号"（InSight）观测到火震（类似于地球的地震）信号，意味着火星还存在着微弱的地质活动。

至此，水、有机物和能量来源这三大生命存在的必需要素都已经在火星上被发现，但是人们始终没有发现火星生命存在的直接证据。2020年美国发射的"毅力号"携带7种科学载荷、多个摄像头、2个麦克风及首台火星无人机"机智号"（Ingenuity），试图去寻找火星微生物存在的直接证据。

火星探测不仅是我们追寻生命起源这一终极问题的强有力手段，也是拓展人类未来生活可能性的必要途径。地球资源总会耗尽，而火星不仅具有丰富的原位资源和相对宜居的环境，还是人类未来开展外太阳系探测的优质航天基地。因此，虽然火星探测技术难度高，存在着被称为"火星诅咒"（Mars curse）的极高失败率，但是仍然没能消减人类探测火星的热情。美国、俄罗斯、欧洲航天局、中国、印度、日本、阿联酋等国家和机构，甚至民营航天公司SpaceX都在积极开展火星探测活动。尽管火星探测窗口每26个月才会出现一次，但是21世纪以来人类抓住了每一次机会。

2020年顺利发射的"天问一号"是我国首次独立设计研发的火星探测器（图1-2）。通过一次任务完成火星环绕、着陆和巡视三个目标，实现跨越发展，是我国火星探测的特色。

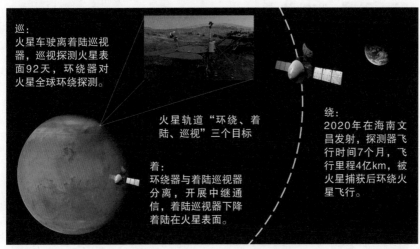

巡：
火星车驶离着陆巡视器，巡视探测火星表面92天，环绕器对火星全球环绕探测。

火星轨道"环绕、着陆、巡视"三个目标

着：
环绕器与着陆巡视器分离，开展中继通信，着陆巡视器下降着陆在火星表面。

绕：
2020年在海南文昌发射，探测器飞行时间7个月，飞行里程4亿km，被火星捕获后环绕火星飞行。

● 图1-2　"天问一号"火星探测项目

为了顺利完成这一任务，数十年来我国科研人员努力开展科学研究和技术攻关，在大推力运载火箭制造、软着陆技术开发、深空探测网构建、火星车研制等方面取得了突出成就。2021年5月15日7时18分，"天问一号"火星探测器成功着陆于火星乌托邦平原南部预选着陆区，标志着我国首次火星探测任务取得成功。以"天问一号"的成功发射为开端，我国进入了行星探测新时代。在这个新时代，我们国家需要更多仰望星空的人，因此，2019年，我国30多所高校和研究所成立了中国高校行星科学联盟，新时代火星探测的火种将随着这个联盟的诞生而不断延续。

作者介绍

吴明雨

哈尔滨工业大学（深圳）副教授，深圳市高层次人才，张铁龙教授行星科学研究团队的核心成员之一。主要研究方向为磁层物理和行星物理，获得国家自然科学基金等支持，共主持或参加了相应项目10余项。

张铁龙

哈尔滨工业大学（深圳）教授，国际宇航科学院院士，长江学者讲座教授，"天问一号"环绕器磁强计主任设计师。曾主持过中欧"双星空间计划"和欧洲航天局"金星快车"卫星计划磁场探测项目。主要从事行星科学和深空探测领域的研究，在空间磁场探测领域有杰出贡献。

为什么芯片很难制造

○汪飞

近年来，媒体经常报道"卡脖子""科技战"等热点话题。围绕这些话题，芯片、集成电路、半导体成为被频繁提到的科技热词。那么，究竟什么是芯片？芯片是怎么发展起来的？它为什么很难制造？我们在芯片制造的哪些环节被"卡脖子"了呢？

｜什么是芯片、集成电路与半导体？

芯片的英文名叫chip，与我们平常爱吃的薯片是同一个单词，指的是一种有特定功能的薄片状器件。微电子芯片是一种封装好的集成电路（integrated circuit，IC），里面包含了大量的晶体管、二极管等有源器件和电阻、电容等无源器件。它们按照给定的电路设计，集成在半导体材料（如硅、砷化镓、氮化硅等）晶片上，实现特定的电路功能。在大部分场合，芯片可以等同于集成电路，而半导体是制造芯片的一种基础源材料。

晶体管是芯片的核心单元。1947年，美国贝尔实验室的约翰·巴丁（John Bardeen）和沃尔特·布拉顿（Walter Brattain）利用半导体锗材料，发明了世界上第一个晶体管。随后，威廉·肖克利（William Shockley）发明了PN结晶体管。这三人因此共同获得1956年诺贝尔物理学奖。晶体管的诞生开创了集成电路发展的先河。1958年，美国德州仪器公司的工程师基尔比（Jack Kilby）提出并实现了集成电路的设想；几个月后，美国仙童半导体公司的诺伊斯（Robert Noyce）申请了基于硅平面工艺的集成电路专利。这两项发明标志着集成电路的诞生，基尔比也因这一伟大创造获得了2000年诺贝尔物理学奖（诺伊斯于1990年去世，因此未能共同获奖）。

现代大规模集成电路由数百万个甚至上亿个晶体管组成。金属氧化物半导体场效应管（MOSFET，简称MOS管）是一种典型的晶体管结构（图1-3）。在MOS管中，通过调控施加在栅极上的电压，可以控制源极与漏极之间的电流特性。这就像可以通过调控水闸的高度，来控制水流速度一样。在半导体材料中有两种可以形成电流的载体（载流子），分别是N型的电子和P型的空穴。根据载流子类型的不同，可以将MOS管分为NMOS晶体管和PMOS晶体管两种。在芯片应用中，往往需要将NMOS晶体管和PMOS晶体管以对称互补的方式使用，这就构成了互补金属氧化物半导体集成电路（CMOS）。

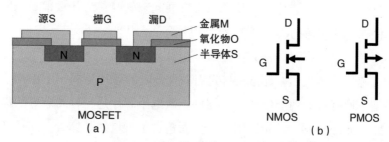

● 图1-3　金属氧化物半导体场效应管

（a）金属氧化物半导体场效应管结构示意图；（b）NMOS、PMOS电路符号。

集成电路作为计算机和微处理器的核心元件，是电子信息产业的基础。从手机、汽车、电器等民用领域，到飞机、导弹、卫星等其他应用，集成电路在我们生活的每一个环节都发挥着重要作用。未来随着5G通信、人工智能、生物芯片等新兴科技的高速发展，集成电路产业的规模还将进一步扩大。

| 国内外芯片技术的发展历程有什么规律可循呢？

1956年，北京大学、复旦大学、南京大学、厦门大学和东北人民大学（现吉林大学）的有关教师及部分学生集中力量，创办五校联合

半导体专门化。1957年，中国研制出锗点接触二极管和三极管；1965年，河北半导体研究所也制造出了小规模双极型集成电路。中国与美国在半导体晶体管和集成电路发展的起步阶段只相差5～8年。

20世纪70年代以后，国际集成电路产业日新月异，我国与国外技术的差距逐渐拉大。1965年，美国仙童半导体公司的戈登·摩尔（Gordon Moore）预测，"最低元件成本下集成电路的复杂度大约每年增长一倍"；1975年，摩尔将上述预言进行修正，改为每两年增长一倍，这便是著名的"摩尔定律"。

集成电路发展至今60余年，基于硅材料的CMOS芯片一直遵循着"摩尔定律"不断向前发展。伴随着先进制造工艺的进步，器件的特征尺寸已经从1971年的10μm缩小到了10nm左右。随着制造工艺复杂度和制造成本的逐步攀升，目前国际上只有英特尔、三星、台积电等公司有能力继续研发7nm以下的集成电路技术，"摩尔定律"也极有可能被再次修正。

| "卡脖子"到底是被卡在了哪些技术上？

集成电路产业是典型的高科技产业，对人才、资金、技术都高度依赖，需要全世界系统分工（图1-4）。在各国研发机构的共同推动下，芯片技术在设计、制造和封装测试等多个方面都取得了突飞猛进的发展。时至今日，世界上没有任何一个国家可以独立地推进芯片技术继续进步。我国集成电路产业近年来实现了高速发展，整体实力显著提升，但在很多环节仍与国际先进水平存在差距。

芯片由数亿个晶体管像搭积木一样组合而成，芯片设计就是绘制搭积木所需的图纸，也是集成电路产品创新的核心。目前，中国大陆集成电路设计业的销售规模已经超过中国台湾地区，成为美国之后世界排名第二的集成电路设计企业聚集地。然而，在如中央处理器（CPU）、数字信号处理器（DSP）、半导体存储器等高端核心芯片领域，我国还不能实现自给自足。此外，著名电子设计自动化（electronic design automation，EDA）工具的供应商多位于美国，如新思科技（Synopsys）、耀创科技（Cadence）等。

● 图1-4　芯片产业需要全世界系统分工

　　芯片制造是基于芯片设计的版图，在硅片晶圆上加工出芯片的过程。芯片制造工艺一般分为前道工艺与后道工艺（图1-5）。其中核心的前道工艺包括薄膜的沉积、光刻和刻蚀等步骤。光刻是一种类似照相的工艺，可以将设计出的图案通过曝光的方式复印到硅片上，进而形成芯片的微观结构。目前，荷兰阿斯麦尔（ASML）公司在高性能光刻机领域具有强大的技术优势。而在薄膜沉积和刻蚀设备制造领域，美国和日本长期处于领先地位。需要说明的是，中国的设备生产商在近10年取得了长足进步，部分设备已经可以逐步替代进口设备，在多条芯片生产线上实现大规模量产。

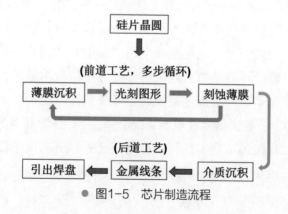

● 图1-5　芯片制造流程

除高端设备以外，芯片制造还依赖于生产环节中的各种关键材料。目前，硅片衬底材料的供应商主要集中在日本、德国和中国台湾地区；高性能光刻胶、封装材料的供应商以日本、韩国和美国的公司为主。

除了以上技术方面的因素，世界龙头企业的先进发展理念、管理模式及政府引导规划布局，也是值得我们学习的地方。改革开放几十年来，我国经济取得了突飞猛进的成就，但我们必须牢记：真正的核心技术是买不来的。只有坚持重视基础研究，不断提升科技创新能力，才能提高我国国际竞争力，从根本上解决"卡脖子"难题。

✎ 作者介绍

汪飞

南方科技大学深港微电子学院副教授。2003年获得中国科学技术大学工学学士学位，2008年取得中国科学院上海微系统与信息技术研究所工学博士学位。2008年加入丹麦科技大学，先后担任博士后、助理教授。主要研究基于微电子机械系统（MEMS）的传感器芯片、微型能量采集器件等。2018年获得深圳市青年科技奖。

人工智能真的安全吗

○ 胡晨旭　刘舒旗　张建国

近年来，随着机器学习技术的发展和进步，人工智能已经从人类幻想逐步走入现实。无人车、无人机、无人配送、无人工厂……层出不穷的无人系统渐渐渗透到人类社会生活的各个方面，以更智能的姿态解放人类的双手，高效地辅助人类工作。我们在感叹人工智能带给我们便利的同时，也不禁会思考：模拟和延展人类智能的人工智能真的安全吗？

说到人与智能机器，我们很容易联想到科幻小说家艾萨克·阿西莫夫（Isaac Asimov）提出的机器人三大定律。第一定律，机器人不得伤害人类个体，或者目睹人类个体将遭受危险而袖手旁观；第二定律，机器人必须服从人类给予它的命令，当该命令与第一定律冲突时例外；第三定律，机器人在不违反第一、第二定律的情况下要尽可能维持自己的生存。

威尔·史密斯（Will Smith）主演的电影《我，机器人》设定了在未来世界里，为人类服务的机器人拥有了自主意识，并对抗人类的情景。Quantic Dream公司开发的大作《底特律：成为人类》更是通过游戏，带领玩家身临其境地探讨未来的机器人伦理道德问题。虽然现今人工智能技术尚未达到电影、游戏中演绎的水平，但人工智能系统的安全问题已经引起了人类越来越多的思考和关注。

人工智能系统的安全性主要有三个维度：首先是规范性，主要指一个人工智能系统的主要用途及使用这个系统的原因；其次是鲁棒性（Robust的音译），主要指该人工智能系统抗干扰/攻击的能力，在面对不同程度的干扰时，该人工智能系统是否依然能够做出正确的决策；最后是保证性，主要指对人工智能系统的活动进行不同层面的监控，保证其按照正常逻辑进行。以上三个维度从不同的层面和角度对人工智能系统的安全性进行了定义和约束。

| 现阶段人工智能系统的安全性如何呢？

目前，人工智能安全方面的研究主要集中在对人工智能算法的攻击和防御方面。以计算机视觉图像识别为例，我们向人工智能系统输入一张图像，希望系统能够准确告诉我们图像里的物体是什么。流行的人工智能算法（例如深度神经网络算法）在很多图像识别任务上取得了很好的识别效果，但是，研究发现，如果适当改变图像的内容，那么之前具有高准确率的人工智能系统就会产生错误的判断。例如，在一个"Stop"指示牌的图片上添加不同形式的干扰（如污渍、水迹、积雪等），人工智能系统就错误地认为这张图片里的物体是足球而不是指示牌[3]。

图片上的污渍和水迹等干扰虽然能够骗过人工智能系统，却无法骗过人类。但是，通过算法添加的另外一些人眼无法识别的干扰，却可以同时骗过人工智能系统和人类。如图1-6所示，图（a）是一张金鱼图像，通过算法添加干扰信息［图（b）］后产生图（c）。为了方便显示，图（b）放大了干扰量，实际的干扰量要小很多，干

（a）　　　　　　　　　（b）　　　　　　　　　（c）

● 图1-6　对抗样本攻击

（a）金鱼；（b）干扰；（c）牛车。

扰后得到的图（c）和图（a）的金鱼图像在人类的眼中几乎没有差别，但是人工智能系统却认为图（c）不再是金鱼图像，而是与之相差甚远的牛车图像，类似于图（c）这样的图像通常被称为对抗样本（adversarial sample）。

| 有矛就有盾，我们是否有防御人工智能系统攻击的方法呢？

答案是肯定的。目前最有效的一类方法就是将对抗样本加入人工智能系统的训练中，让人工智能系统能够正确识别这些对抗样本（图1-7）；另一种方法则是让人工智能系统能检测输入的样本是否为对抗样本，如果是对抗样本，人工智能系统将不再识别样本中的内容。

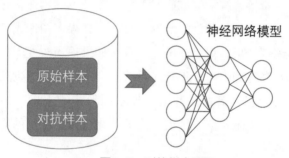

● 图1-7 对抗样本防御

针对人工智能系统安全性的攻击和防御是相互促进、螺旋式上升的关系，后续研究将围绕泛化性展开：一种攻击方法要能抵抗多种防御，适应各种不同数据；一种防御方法则追求能防御多种攻击并同时尽可能地减少模型在原始样本上的性能降低。

未来的人工智能将会不断发展进化，我们在科技创新的同时也要兼顾人工智能系统的安全保障，避免技术黑箱带来的风险。遵守相应的规章制度和法律法规，让人工智能能够真正安全无忧地造福人类。

胡晨旭

　　南方科技大学与悉尼科技大学联合培养博士生。研究方向包括多目标优化、文字检测识别、医学图像分析等，目前主要从事医疗领域智能攻击和防御方面的研究。

刘舒旗

　　南方科技大学访问学生，研究方向包括医学图像处理、计算机视觉中的对抗攻击与防御。

张建国

　　南方科技大学计算机科学与工程系教授，国家特聘专家，曾任英国邓迪大学计算机系终身教职（Reader），博士生导师。创造性地提出了纹理和目标物体识别的同一框架，被国际顶级学者广泛引用，多次获国际科研挑战赛第一名。担任包括国际权威期刊 *IEEE Tran.MM* 在内的4个期刊编委。已发表具较大学术影响力的文章90余篇，专著和编著图书各1部。两次获评国际著名会议最佳论文。研究方向包括计算机视觉、医学图像处理、机器学习和人工智能。

疫苗研发为何要这么久

○ 张政

2019年12月，新冠肺炎（COVID-19）疫情暴发。截至2021年3月，全球1亿多人感染了新型冠状病毒，累计死亡人数超过250万。疫情蔓延期间，虽然各国政府迅速做出反应，投入大量资金支持疫苗（vaccine）的研发，截至2021年1月，已经有部分疫苗投放市场，但更多疫苗仍处于试验阶段。

研发如此漫长的原因是疫苗要通过临床前试验和多次临床试验。然而，与目前的疫苗研发过程相比，人类第一种疫苗的诞生过程相对简单很多。

18世纪的欧洲，天花盛行。英国乡村医生爱德华·詹纳（Edward Jenner）发现感染过牛痘的挤奶工人似乎不会得天花。牛痘是人畜共患类疾病，和天花很相似，也会出痘，但没有生命危险，对人的伤害更是微乎其微。詹纳猜想，感染牛痘或许可以预防天花。为了证实这一想法，詹纳说服自己家的园丁，于1796年5月14日让园丁家8岁的儿子感染牛痘。小男孩感染牛痘后开始发热，一个多月后康复。詹纳又将天花痘液滴到伤口上，小男孩没有出现天花病症。之后两年间，詹纳又做了23次人体试验，其中包括他自己11个月大的儿子，结果是一致的：感染牛痘后的孩子都没有感染天花。1978年，詹纳公布了自己的研究成果，以牛的拉丁语"vacca"为词根，造出vaccine（疫苗）一词。同年，天花疫苗正式问世。1979年，世界卫生组织正式宣布：

天花在全世界范围被根除。詹纳被后世尊称为"免疫学之父"。

天花疫苗的问世及人类消灭天花这种烈性传染病，爱德华·詹纳的贡献毋庸置疑，然而，现代医学无法接受其疫苗开发测试的过程。目前，一款新研制的疫苗在做临床试验前，必须首先在小动物（小鼠、大鼠、豚鼠、兔子等）体内测试其毒性和诱导免疫反应的能力，即临床前研究。只有在小动物体内测试其安全有效后，才能申报人体临床试验。人体临床试验的开展必须符合伦理，采用随机、对照、盲法等方案，通过多次人体临床试验，验证疫苗安全、有效之后才能上市。

为什么现代疫苗研发有那么多的规定呢？从美国最大疫苗事件中可窥见部分原因。

1976年1月，美国新泽西州的一处陆军训练基地，很多士兵患上了呼吸系统疾病。当年2月，一名18岁的新兵死亡。美国疾病预防与控制中心从这名士兵身上检测出了新型猪流感病毒。该病毒与1918年在全世界造成至少2 500万人死亡的"西班牙流感"十分相似。为防止秋冬季节可能出现的毁灭性的第二波疫情，同年3月22日，美国公共卫生部门向时任总统福特建议，启动规模空前的疫苗项目。福特总统于1976年3月24日宣布，将为全体2亿多国民接种疫苗。新型流感疫苗接种项目于1976年10月1日启动。11月12日，明尼苏达州接种疫苗的人群中出现了格林-巴利综合征患者，其他州也接连报告相关病例，至12月中旬，数量已超过50例。格林-巴利综合征又称急性炎症性脱髓鞘性多发性神经病或对称性多神经根炎，患者会出现麻痹、四肢软瘫，以及不同程度的感觉障碍。因此，福特总统宣布于12月16日暂停接种项目。尽管如此，在接种的两个半月的时间里，已有4 000多万人接种疫苗，接种人数创历史纪录。格林-巴利综合征发病者最终确认约530例，发病率为非接种疫苗者的11倍。

疫苗安全事故远非这一起。

1902年，印度鼠疫大流行，马考魏（Mulkowal）村庄中，107人接种鼠疫疫苗，因疫苗受到破伤风杆菌污染，导致19人死亡。

1928年，澳大利亚班达伯格市（Bundaberg）21名接种了白喉疫苗的儿童中，因疫苗被金黄色葡萄球菌污染，18名出现严重败血症，12名死亡。

1929年，德国吕贝克市（Lubeck）从巴斯德研究院引进卡介苗菌种，自己生产疫苗，并于次年2月24日开始实施婴儿接种。两个月内，共有256名新生儿接受口服卡介苗，因疫苗被致病性结核菌污染而致76名婴儿死亡。

1955年，美国5个州超过20万名儿童接种了脊髓灰质炎疫苗。因疫苗生产过程中灭活病毒不够彻底，最终导致4万名儿童染病，200名儿童出现麻痹症状，其中56人终生瘫痪，10人死亡。

20世纪50年代初，我国按照苏联疫苗生产方法制备的乙脑疫苗受到污染，在华北地区推广使用时，数十例接种者出现严重不良反应，导致终身残疾或死亡。

疫苗的注射群体是健康人，且以少年儿童、婴幼儿为主，其安全性直接关系到每个家庭的幸福。因此，社会对疫苗的关注度、敏感度极高，产品风险容忍度极低。一次次的疫苗安全事件，一次次牵动着民众的神经，迫使各国政府对疫苗行业制定近乎严苛的法规和标准，严格控制疫苗的生产、运输、保存和使用的各个环节，以确保其安全。

同样是出于安全考虑，疫苗的人体临床试验被分为Ⅰ、Ⅱ、Ⅲ、Ⅳ期（图1-8）。

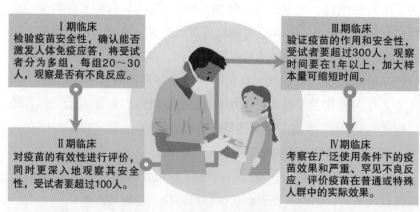

Ⅰ期临床
检验疫苗安全性，确认能否激发人体免疫应答，将受试者分为多组，每组20～30人，观察是否有不良反应。

Ⅲ期临床
验证疫苗的作用和安全性，受试者要超过300人，观察时间要在1年以上，加大样本量可缩短时间。

Ⅱ期临床
对疫苗的有效性进行评价，同时更深入地观察其安全性，受试者要超过100人。

Ⅳ期临床
考察在广泛使用条件下的疫苗效果和严重、罕见不良反应，评价疫苗在普通或特殊人群中的实际效果。

● 图1-8 疫苗的人体临床试验过程

Ⅰ期临床试验主要是检验疫苗的安全性，并看其是否能激发人体的免疫应答。一般情况下，将受试者分成不同的组，每组20～30人，分别给予高、中、低剂量的疫苗，观察是否出现不良反应，评估不同剂量疫苗的安全性和免疫反应。

当Ⅰ期临床试验确认疫苗的安全性后，就会进入Ⅱ期临床试验。这一阶段主要是对疫苗的有效性进行评价，同时更深入地观察其安全性。Ⅱ期临床试验受试者要超过100人。

在Ⅱ期临床试验确定了疫苗的有效性之后，进入Ⅲ期临床试验，进一步验证疫苗的作用和安全性。这个阶段是疫苗上市前最重要的阶段，受试者人数要超过300人，接种疫苗后观察时间通常要1年以上。如果加大样本量，试验时间可以缩短。所以，新型冠状病毒疫苗的Ⅲ期临床试验大都招募上万名受试者，以期在6个月内完成Ⅲ期临床试验。

通过Ⅲ期临床试验确定了安全性和有效性之后，疫苗才可上市使用。Ⅳ期临床试验在这个时期开展，考察在广泛使用条件下的疫苗的效果和严重及罕见不良反应，评价疫苗在普通或特殊人群中使用的实际效果。

就类型来说，目前走在研究前列的新型冠状病毒疫苗包括灭活疫苗、重组蛋白疫苗、核酸疫苗、重组病毒载体疫苗等。这些疫苗的制备工艺有何不同，各自有何特点呢？

灭活疫苗是先培养病毒或细菌，再用物理或化学的方法将病毒或细菌杀死后制备而成。常用的灭活疫苗包括流感疫苗、狂犬病疫苗、第一代乙型肝炎疫苗。灭活疫苗技术易于实现，倾向于诱导产生抗体反应，因此成为我国科学家开发新型冠状病毒疫苗的首选形式。目前，我国有4种新型冠状病毒灭活疫苗获批进入临床试验，部分疫苗已经获得部分国家批准使用。

重组蛋白疫苗由细菌、酵母、哺乳动物或昆虫细胞生产的某种病原体的蛋白，经纯化后制备而成。常用的重组蛋白疫苗包括目前广泛使用的乙肝疫苗。亚单位疫苗是病原体的一部分组分，不包含完整的病原体，被认为是最安全的疫苗。目前，中国科学院微生物研究所研发的新型冠状病毒重组蛋白疫苗已经完成临床前测试。

核酸疫苗也称基因疫苗，包括DNA疫苗和mRNA疫苗，其原理是将某种病原体的DNA或者mRNA片段导入人体表达蛋白，诱导人体产生对该蛋白的免疫效应。核酸疫苗的开发操作简便、生产成本低，开发与生产周期短，可以快速响应疫情需要进入评价阶段。中国军事科学院研发的新型冠状病毒mRNA疫苗，在非人灵长类动物模型中能够激发免疫反应，诱导产生中和抗体，于2020年6月19日获批进入临床试验[4]。2020年底，德国生物新技术公司（BioNTech）和美国莫德纳公司（Moderna）开发的两款新型冠状病毒疫苗已经在欧美各国正式获批上市。

重组病毒载体疫苗是以病毒作为载体，将病原体基因重组到病毒基因组中，使用能表达病原体基因的重组病毒制成的疫苗。我国军事科学院军事医学研究院生物工程研究所陈薇院士团队联合康希诺生物股份公司，利用腺病毒作为载体，在疫情暴发的早期，迅速开展重组病毒载体疫苗的研究，于2020年3月16日开展Ⅰ期临床试验。2020年4月12日，该疫苗进入了Ⅱ期临床试验，是全球最早一款进入人体Ⅱ期临床试验的新型冠状病毒疫苗[5]。

总之，无论何种类型的疫苗，首先都需要进行动物体内的毒性和免疫原性研究及漫长的人体临床试验，在确保安全、有效之后才能被广泛使用。在新冠肺炎疫情暴发的背景下，各国政府和机构均加大对各类新型冠状病毒疫苗研发的支持和资助，以尽快推动疫苗投入使用。

作者介绍

张政

南方科技大学第二附属医院（深圳市第三人民医院）研究所所长。研究员，医学博士，博士生导师。国家杰出青年基金获得者，国家百千万人才工程有突出贡献中青年专家，国家重点研发计划课题负责人；中国研究型医院学会肝病学分会副主任委员。主要研究方向：病原感染免疫致病机制和免疫治疗策略。先后获国家科技进步二等奖、中华医学科技奖等。以第一或通讯作者（含共同）在*Nature*、*Cell*、*Nature Medicine*、*The Journal of the American Medical Association*、*Science Advance*、*The Journal of Clinical Investigation*、*Gastroenterology*、*Hepatology*、*Journal of Hepatology*、*Blood*发表SCI论文50多篇，H（高引用次数）指数35。

金融科技是什么

○ 严 硕

　　在人类文明发展史中，商品交易起着重要的推进作用。作为衡量商品价值的物品——货币应需而生。随着商品交易的次数、范围、内容、形式等越来越复杂，现代金融的概念应运而生。金融使得人们可以通过银行存款、信用卡赊账支付的方式完成货币在时间上的转移，也可以通过国际汇款、换汇的方式完成货币在空间上的转移。可以说，金融在本质上就是研究货币在时间和空间上如何转移的学科。

　　为了提高效率，人们开始研究如何利用人工智能（artificial intelligence）、区块链（blockchain）、云计算（cloud computing）、大数据（big data）、移动互联等前沿科技手段开展金融服务，这种新的研究方向就是金融科技（financial technology）（图1-9）。

　　人工智能能够记住人类的行为模式，并根据他们的喜好进行调整。学习用户的喜好和模式，预测用户的未来行为，对于金融业来说尤为重要。例如，今天的人工智能算法可以依据信用卡用户的历史数据计算出其消费行为，进而结合用户的收入数据来合理预测用户未来能否偿还今天的信用卡账单，从而合理控制信用卡的违约风险。可以说，人工智能的出现极大地提升了现代金融业的风险控制效率。

　　与人工智能技术相比，金融科技另一项重要的技术——区块链技术的核心是去中心化（图1-10）。在区块链技术出现之前，人类的大量交易行为都需要中心化的背书。例如，今天村民A向村民B借了

10 000元，为了防止村民A欠债不还，村民B请来村主任为这次借贷行为背书。在这个过程中，村主任就是中心化的存在，他承担着为双方之间的金钱交易提供信用担保的作用。

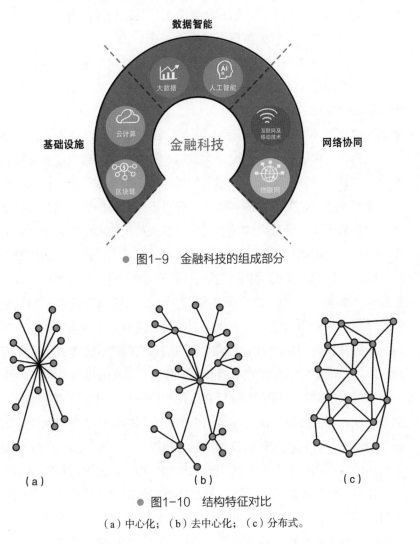

● 图1-9 金融科技的组成部分

（a）　　　　　　（b）　　　　　　（c）

● 图1-10 结构特征对比
（a）中心化；（b）去中心化；（c）分布式。

区块链技术出现后，交易的中心化特征被弱化。例如，村民A向村民B借了10 000元，为了防止村民A赖账，村民B用一个大喇叭向全村人宣布村民A借钱事宜，村民A紧跟着也向全村承认了向村民B借钱一事。这样一来，全村人都知道了村民B借给村民A10 000元这件事，就没有了所谓的信息中心。在这种情况下，村民A如果想赖账就成了几乎不可能的事，因为所有人都知道这件事，这就是区块链技术中的共识机制。区块链技术的出现极大地提升了信息记录的透明化程度，也降低了各个村民之间的信息不对称性。

在现代金融体系中，我们可以利用区块链技术来进行财务数据记账和金融交易记录，从而全面提高记录的准确性、金融借贷的审核效率和信息可信度。

大数据技术也是现在广泛应用于金融领域的新兴技术之一。例如，微信就可以收集人们的健康大数据、社交网络大数据、购物数据和支付大数据等，利用这些数据我们可以对一个人进行全面评估。在开展贷款业务时，如何预测和防范贷款得不到偿还的违约风险，是商业银行管理工作中最重要的任务之一。在大数据技术出现之前，商业银行利用传统的用户还款记录数据，或者用户填表提供的个人信息数据，来评估用户未来的贷款违约率。但是，这种传统的数据估算方法存在很大弊端。首先，用户的还款行为和个人信息总是在不断地更新，以前的风险违约记录并不能完全作为推断未来违约率的依据。其次，很多贷款用户提供的个人信息，例如，工作和收入等都会不断变动。所以，传统评估方法并不能准确预测用户未来的违约风险。

现代大数据技术则为银行贷款违约率的估算提供了更多可能性。例如，今天我们可以尝试使用微信中的社交网络大数据来刻画用户的朋友圈信息。首先，大数据技术相信"物以类聚，人以群分"，也就是说如果你周围的朋友都倾向于贷款违约，那么你也很有可能是一个不能及时偿还贷款的人。其次，我们还可以使用贷款用户的电商网购数据来估算其月支出额度，并结合该用户的收入数据，计算该用户这个月是否会入不敷出，以及是否存在巨大的违约风险。此外，我们还可以结合该用户的人民银行征信大数据评估其贷款总额，以及这个月的综合还款能力。大数据的收集和应用为金融业的风险控制提供了前所未有的科技助力。

| 金融科技到底是什么？

对于这个问题，不同行业的从业者可能会给出不同的答案。金融从业者更倾向于认为金融科技的本质还是金融，因为科技服务于金融。而科技企业的执掌者可能会认为技术革新才是金融科技革命的核心，金融服务只是这场革命受益者中的一小部分。

其实，金融和科技都是金融科技的有机组成部分，这两种观点都有自己的道理，同时也都不全面。笔者觉得金融科技的核心在于用科技改变金融行业和人类的思维方式，甚至改变人类在生活和商业中的体验，其本质是要改变社会运行模式。因此，从人文角度出发，讨论金融科技对于人类生活体验的改变，或许是一个更为新奇的视角。

✎ 作者介绍

严硕

南方科技大学商学院金融系助理教授。于2016年毕业于意大利博科尼大学（Bocconi University）商学院，获金融学博士学位。研究成果曾在美国金融学年会（AFA）、国际信息系统会议（ICIS）、国际金融管理协会（FMA）、欧洲经济学年会（EEA）和欧洲金融管理学年会（EFMA）等国际顶级学术会议上宣讲。目前主要研究方向是银行信贷、公司金融、行为金融学、金融科技。

为什么说博弈论是一个美丽的智慧

○刘鲁川

有一部好莱坞大片叫《美丽的智慧》（*A beautiful mind*，又译为"美丽心灵"）。影片在描述博弈论科学家约翰·纳什（John Nash）的传奇故事的同时，也为大众揭开了博弈论这一美丽智慧科学的面纱。

说起博弈论，不能不想到2016年震惊世人的"阿尔法狗"（AlphaGo）。它是谷歌（Google）旗下公司DeepMind在人工智能与博弈论交叉研究上的一个杰作。这只"狗"不仅在当年以4∶1击败了世界顶级围棋选手李世石，次年又令当时位列世界第一的柯洁泪洒棋盘。围棋是人类最具挑战性的智慧游戏，基于博弈论，人工智能在围棋上战胜了人类顶级棋手，这无疑标志着一个崭新时代的到来。

其实，古人很早就知道博弈论的道理，比如战国时期的田忌赛马，这是博弈理论中最佳对策（best reply）的一个范例。在《三国演义》中，诸葛亮唱的那出空城计吓退司马懿大军，更是在不对称信息环境下实践行为博弈的传奇。

现代博弈论的诞生要追溯到20世纪40年代。数学大师冯·诺依曼（John von Neumann）和经济学者奥斯卡·摩根斯坦（Oskar Morgenstern）出版的巨著《博弈论与经济行为》，成为现代博弈论的标志。博弈论学科的建立是时代需求和科技发展的结果。第二次世界大战等国际政治对抗不仅催生了原子弹，也直接推动了计算机、博弈论、密码学等新兴学科的发展。在博弈论领域，群星闪耀，已先后有十几位科学家为此获得诺贝尔经济学奖。

说到奇才，我们首推约翰·纳什。他的二十几页的博士论文给出了策略博弈中的一个基本解概念，这就是后来以他的名字命名的纳什均衡理论（Nash equilibrium）。在一个非合作博弈中，一旦所有玩家的行为达到了一个均衡状态，那么其中任何一个理性玩家都不会愿意单独改变他的策略。因为单独改变任何策略，都不会给他带来任何好处。均衡概念是博弈论及现代经济学理论的一个最基本的思想。纳什因为其伟大的研究成果，成了第一批拿到诺贝尔经济学奖的博弈论科学家。

博弈论的另一位宗师是劳埃德·沙普利（Lloyd Shapley）。合作博弈论有以他的名字命名的价值理论（Shapley value），该理论给出了可转让资源分配的一个必备准则。他提出的随机博弈（stochastic game）问题是博弈论领域中的顶级难题之一，引一代又一代天才科学家为其折腰（图1-11）。

● 图1-11 幽默的沙普利

前面所提到的AlphaGo可以算是人工智能在解决随机博弈问题上的一个实践了。沙普利与阿尔文·罗斯（Alvin Roth）在2012年共获诺贝尔经济学奖，则是由于他在资源匹配理论方面取得的伟大成就。他与合作者戴维德·盖尔（David Gale）设计了一套算法证明了两维稳定匹配一定存在。他们的"婚配"理论模型建议，无论男女哪方，谁先主动追求，谁最后的结果就会更有利些。博弈论的理论研究居然还能带出情感的绚丽火花来，真是令人叹为观止。

沙普利与中国也很有渊源，"二战"期间他曾作为美军专家驻守重庆，专门负责破译日军的加密电报。他在以后的学术生涯中也指导培养了多名中国学者，美国加利福尼亚大学的秦承忠教授就是他的学生。

罗伯特·奥曼（Robert J. Aumann）与纳什、沙普利等同为现代博弈论的学术领袖，他领导编著了博弈论百科全书，并建立了以色列耶路撒冷希伯来大学理性研究中心和美国石溪博弈论中心等学术机构，缔造了现代博弈论学派建设的平台。由于他在博弈论领域的卓越建树，奥曼在2005年获得了诺贝尔经济学奖。

奥曼与沙普利共同发展了合作博弈论中的价值理论。他提出的共同知识学说（common knowledge）是博弈论的一个哲学基础，"我知你知，你知我知你知，我知你知我知你知……"真可谓道可道非常道，玄之又玄。

奥曼在重复博弈（repeated game）领域做出了奠基性的工作。我们都知道，在著名的"囚徒困境"博弈中（图1-12），合作并不是纳什均衡。但基于奥曼的理论，只要重复博弈的次数足够多，囚徒的合作也可以是均衡点。这就是有名的佚名定理（folk theorem）。相关均衡不仅是纳什均衡概念的理论发展，而且其概念的简单性又让它避免了纳什均衡计算上的复杂性，真是美妙。

● 图1-12　囚徒困境

　　从以上几位科学大师的事迹中，我们不难发现，尽管博弈论还是一门年轻的学科，但它已在人类文明智慧的星河中闪烁出了绚丽的光彩。

作者介绍

刘鲁川

　　南方科技大学商学院金融系教学教授，中国运筹学会博弈论分会理事。美国纽约州立大学经济学博士，北京理工大学物理学理学学士。曾先后担任香港城市大学商学院经济和金融学助理教授和客座教授。也曾就职于华尔街高盛集团，为高盛亚洲风险主管和香港期货交易所高盛公司代表。目前主要研究方向：博弈论、人工智能与金融科技。

什么是科幻小说

○吴岩

科幻小说是关于时代变化的小说，这类小说用作家的感觉经验来书写科技对社会造成的影响，对于人类的生活，常常既有前瞻性，又有警示性。

1818年，英国作家玛丽·雪莱（Mary Shelley）创作了世界上第一部科幻小说《弗兰肯斯坦——一个现代普罗米修斯的故事》。出身于瑞士名门的主人公维克多·弗兰肯斯坦，儿时喜爱魔法，长大后爱上了科学。他在德国留学期间，跟从导师研究化学理论，希望破解生命的奥秘。一天，他从蛙虫能让死人的神经和大脑出现惊厥的现象中，发现了起死回生的奥秘。于是，他成功地使用尸体器官拼接成人体，通过电击法，为其注入生命的活力。实验是成功的。由死人器官拼接起来的怪物睁开双眼，一个新生命走入人类世界。此时，怪物的创造者维克多·弗兰肯斯坦却昏厥过去——他被怪物的外表吓坏了。古怪的长相令怪物成为过街老鼠，人人喊打，怪物进入人类社会的努力不断失败。为了报复自己的创造者，怪物决定向弗兰肯斯坦复仇。这场复仇使弗兰肯斯坦遇上了一连串的灾难。忍无可忍的弗兰肯斯坦也不顾一切地向怪物展开了反击行动。这部作品采用科学挑战上帝，让掌握科学的人类占据了未来生活的舞台。

继玛丽·雪莱之后，法国作家儒勒·凡尔纳（Jules Verne）创作了大量科幻小说。其中，最有名的包括《格兰特船长的儿女》《海底两万里》《神秘岛》《从地球到月球》《环绕月球》《地心游记》《气球上的五星期》《80天环游地球》《喀尔巴阡古堡》等。凡尔纳的小说语言成熟，故事具有类型化特征，对科学技术的态度乐观，是乐观派科幻文学的代表作家。与凡尔纳相反，比他稍晚出现的英国作家赫伯特·威尔斯（Herbert Wells），却怀疑科学技术造福人类的可能性。威尔斯的主要作品包括《时间机器》《世界之间的战争》（又译为《大战火星人》）《隐身人》《神食》《在彗星到来的日子里》《莫洛博士岛》《月球上第一批人》等。威尔斯小说中的主人公个性仁慈，对人类的前途忧心忡忡。威尔斯的几乎每一部作品都透露了对科技发展的不信任感，是科幻小说领域中科学悲观派的主要代表。

20世纪30年代，科幻小说逐渐在美国繁荣起来，并出现了大批优秀作家，他们造就了科幻小说的黄金时代。其中，艾萨克·阿西莫夫（Isaac Asimov）的基地系列和机器人系列最为脍炙人口。在这些系列中，作家对人类的未来发展充满了遐想，甚至开发出银河帝国体系和机器人学三定律。罗伯特·海因莱因（Robert Heinlein）的《入夏之门》《星船伞兵》《异乡异客》等未来史系列，讲述了未来科技突破的方向和时间。国籍是英国但多数作品都在美国风行的阿瑟·克拉克（Arthur Clarke），最早提出通过卫星进行全球通信的设想，他的科幻作品包括《童年的终结》《城市和星星》《与拉玛相会》《2001年：太空探险》等。

20世纪60年代以后，西方科幻小说开始革新。一些意向性、模糊性、反讽性、语言探索性较强的作品逐渐出现。在这种创新探索中，科幻小说吸纳了主流文学的许多新模式，迅速向主流文学靠拢。20世纪80年代后，科幻小说又重新回归硬科学，出现了威廉·吉布森（William Gibson）的《神经漫游者》、尼尔·斯蒂芬森（Neal Stephenson）的《雪崩》等赛博朋克小说，这类小说常常以电脑空间中驰骋不羁的叛逆者为主人公，他们有打破藩篱，让各种被禁闭的信息全都被解锁的目标。赛博朋克小说和后来的生物科技小说、人工智能小说，将"后人"问题直接提到了读者面前，故事暗示，人类制造的科技正在创造超越人性的另一种更高级的人种。

科幻小说在中国的出现可以追溯到清末。荒江钓叟的《月球殖民地》、徐念慈的《新法螺先生谭》是最早的作品。民国以后，科幻小说继续发展，出现了老舍的《猫城记》等重要作品。新中国成立以后，科幻小说在儿童文学和科普读物的巨伞下继续发展，出现了郑文光的《从地球到火星》、迟书昌的《大鲸牧场》、于止的《失踪的哥哥》、萧建亨的《布克的奇遇》、郭以实的《在科学世界里》、王国忠的《黑龙号失踪》、童恩正的《古峡迷雾》、刘兴诗的《北方的云》等作品。20世纪70年代，中国科幻小说迎来了第一次高峰，叶永烈的《小灵通漫游未来》、童恩正的《珊瑚岛上的死光》及郑文光的《飞向人马座》是这个时期的代表性作品。进入21世纪以后，韩松、王晋康、星河、何夕、吴岩（图1-13）等也发表了大量重要作品。2015年，刘慈欣的小说《三体》（图1-14）获得美国科幻小说雨果奖，次年郝景芳的小说《北京折叠》再次获奖，让中国科幻作品进入世界一流行列。

从1902年开始，科幻作品还成为影视的重要题材。《月球旅行记》是世界上第一部科幻电影。近年来，电子游戏、主题公园、城市规划、乡村改造等许多领域都已经逐渐出现科幻的影子。而科幻中的主要题材，如天文与航天、生物与医学、网络与人工智能、未来社会等，都已经引发了不同程度的社会关注。

科幻的最大特征，就是科学与未来在同时入侵现实的过程中给人一种惊奇感。不但如此，在体验惊奇的同时，科幻还引导人们通过科学认知理解惊奇。科幻可以划分成"软科幻"和"硬科幻"。"软科幻"和"硬科幻"的定义在不同的文化中差异很大。在中国，所谓"硬科幻"是科学知识含量较多的作品，而"软科幻"则是文学含量较多、知识含量较少的作品。但在国外，普遍共识是"硬科幻"属于以自然科学（如物理学、化学、天文学等）为主要内容的作品，而"软科幻"则是以社会科学和人文学科（如心理学、教育学、宗教学、政治学等）为主要内容的作品。到底应该发展"硬科幻"还是

"软科幻"，还要根据读者的喜好而定。笔者的观点是最好能百花齐放、百家争艳。

● 图1-13　吴岩小说《中国轨道号》　● 图1-14　刘慈欣小说《三体》

科幻小说到底是不是科普读物，多年以来也存在许多争论。其原因是科幻小说中的知识跟科普作品中的知识不能相提并论，但如果从引导人们思考科学、关注科学、讨论科学精神和理解科学家行为、探讨科学与未来关系方面，科幻小说无疑能起到重要的科普作用。

近年来，科幻小说已经成为国内外高校的新兴课程，有些学校还建立起以科幻为方向的专业领域。例如，在一些学校的文学院系和外语院系，科幻研究已经成为其中的组成部分，把科幻小说作为文学或语言现象进行研究。在法学和经济、金融等院系开设的科幻课程，则主要讨论未来在政治、法律、经济发展变化之后，人类所必须面对的新的法制环境和经济范型。在理工院系，科幻课程的开设主要用来讨论科技发展带给人类社会的伦理变化，以及如何利用科幻中的想象力进行知识创新。由于科幻作品横跨文理多种不同学科，因此科幻研究的方法也多是综合性的。想要在这方面有所发展的人，必须让自己具有足够广的知识面，并且在一些重要领域具有较深造诣。

作者介绍

吴岩

　　南方科技大学人文科学中心教授，科学与人类想象力研究中心主任，管理学博士，科幻作家，博士生导师，美国科幻研究协会托马斯·D.克拉里森奖（Thomas D. Clareson Award）获得者。

科技发展应该往哪里走

○马近远

1996年7月，一只名叫多莉（Dolly）的小绵羊通过克隆技术诞生了（图1-15），成为第一只成功克隆的哺乳动物。但它只存活了6年，远低于羊的正常寿命（12年）。原来，多莉不但拷贝了其"母体"的基因，也继承了其"母体"的年龄时钟。

● 图1-15　世界第一只克隆羊多莉

科学技术迅猛发展，人类在未知领域不断创造奇迹。从理论上讲，按照人类社会的科技发展速度，克隆人的技术在过去20余年间就该出现。可是，时至今日，为何世界上还没有克隆人诞生呢？

其原因也不难理解，这项科研有着潜在风险，且会对生命和科技伦理造成巨大的挑战。比如：克隆技术中不可预知的瑕疵可能会伤害胎儿和孕育克隆胎儿的人；克隆出来的人可能会出现畸形或生命力脆弱；克隆人可能会缺乏文明认同和社会认知，对自然人类生存造成威胁。于是人类对克隆人技术的发展踩了刹车。

1931年，英国作家阿道司·赫胥黎（Aldous Huxley）发表了反乌托邦文学《美丽新世界》，该书至今都有重要的现实意义：作者构筑了一个在祥和外表掩饰下充斥着利己主义的社会。在该社会中，大众是极权主义利用科学技术制造出来的行尸走肉，他们没有灵魂，社会也因此显得一片祥和。作者试图警醒人类：科技是一把双刃剑，如果人类任由功利主义和技术主义的价值观肆虐而迷失了前进方向，终将导致社会文明在人类赤裸而狂野的欲望中分崩离析。

好在这样的情景在现实中并没有发生。让我们静下来沉思，是什么让人类稳踩刹车，开始探究克隆人技术的伦理难题？又是什么，当科技行至功利主义的歧途时，可以使其扭转方向？

人文就可以作为科技发展的方向盘与刹车器（图1-16）。

● 图1-16　人文——科技发展的方向盘和刹车器

古汉语中"人文"的作用，最早就与科技（天文）并行讨论："刚柔交错，天文也。文明以止，人文也。观乎天文以察时变，观乎人文以化成天下。"[6]这里所言之"人文"意指以人为主体的人类社会运行的道德伦理规范和礼法制度;与"人文"相对应的"天文"则意为自然中天地万物运行的规律。

人们开展科技活动旨在求真,即探寻客观世界的发展规律,解答人类"是什么""为什么"的疑惑;而人文活动旨在求善,即解析精神世界的认识问题,指导人类活动"应当如何做"。"文明以止"就是要求人们遵循道德伦理规范和礼法制度,从而心有所明,并做到行有所止;进而论及"观乎人文以化成天下",即是说需以"人文"为准则教化天下世人,从而明晰探寻世界发展规律的方向。这段古语还渗透着中国传统文化中的"天人合一观"。

钱穆先生深信,"天人合一"是中国文化的最高信仰,"天人合一观"建基于其一生持守的"人文演进"观之上[7],具体而言,人文精神的内涵可以阐释为:①人之自觉,人们去主动思考人生的问题,并意识到要对自己的行为和决定负责;②人之德性,人性是后天社会化的产物,需要教化,需要道德的熏陶;③社会关怀,人文主义思想强调人与人之间的情谊和关系,人与机器的区别就在于人具有感情,能够设身处地为他人着想,这是人文精神的重要内容;④文化素养,文化是人的精神所孕育出来的人为环境,人文精神与文化素养不可分割;⑤无我态度,以付出、共享、奉献为人生义务,对自然界有"天人合一"的胸襟。当代人文对科技的关涉仍然需要基于"天人合一观",保障可持续性生态文明及健康和谐的社会关系。

美国哥伦比亚大学校长李·伯林格(Lee Bollinger)在一次题为"全球化与现代大学"的讲演中,谈到他因参加由联合国组织的一次探访埃塞俄比亚饥民的活动所受到的触动,并因此重新思考全球化时代应当如何培育大学生的人文素养。他认为,仅仅让学生们通过核心课程了解莎士比亚、达尔文、米开朗琪罗和莫扎特是不够的。我们身处的世界还存在着贫穷、饥饿、艾滋病和恐怖主义,我们应该引导学生去了解和体验真实的世界,去探究和解决人类面临的种种问题,为人类带来福祉[8]。

如伯林格教授所言，想要具备解决问题的能力，掌舵新科技，为全人类造福，需要拥有超越人类中心主义、糅合东西方价值精髓的全球化新人文精神，成为能够自由穿梭于东西方知识和价值体系之间的摆渡人，这是全球化时代人文对科技关涉的新要义。

人的思维是一个整体，逻辑思维与左半脑密切相关，主导科技活动；形象思维与右半脑密切相关，主导人文活动。二者相互渗透，相互支持，不可分割。而人文精神只有内化为相对稳定的品质结构，并外化为行为习惯，才能对科技活动产生指导意义，因而我们在开展科技活动的过程中，要学会体悟、反思和修炼。人文精神的内化和修炼没有终点，人文教育是终身教育。

作者介绍

马近远

南方科技大学高等教育研究中心研究副教授，参与创建联合国教科文组织高等教育创新中心。2003年，获北京大学国际关系学院学士学位。2007年，获多伦多大学安大略省教育学院硕士学位。2015年，获香港大学教育学院高等教育和国际比较教育哲学博士学位。曾就职于联合国亚太经社理事会、世界经合组织、联合国教科文组织。

电子与信息篇

Electronics and
Information

5G为什么这么重要

○王锐

信息传递，是生命活动的基本特征和需求，人活着就需要通信。

远古时代，人类通过声音和手势进行近距离信息传递。经过探索和积累，人类开始利用信鸽、驿站和烽火等工具开展长距离通信。但是，这些古老的通信方式耗时费力，可传递的信息量有限。近代，人类终于找到了远距离高速信息传递的理想载体——电磁波。1864年，英国科学家詹姆斯·麦克斯韦（James Maxwell）建构了电磁波的基本理论；1887年，德国物理学家海因里希·赫兹（Heinrich Hertz）通过实验证实了电磁波的存在，这一伟大发现奠定了现代无线通信的基础，而赫兹（缩写为Hz）也被命名为频率（1秒钟内物体振动的次数）的单位。

电磁波通过变化的电场和磁场实现传播。按照其变化频率，电磁波可进一步划分为甚低频、低频、中频、高频及红外线、可见光、紫外线、X射线、γ射线等数个频段（表2-1）。其中，频率在3kHz～3THz（即3×10^3～3×10^{12}Hz）的电磁波通常被称为无线电波。我们在日常生活中所接触到的无线通信技术，如蓝牙（bluetooth）、无线局域网（又称Wi-Fi）和第四代移动通信（4G）等，就是利用无线电波进行信息传递的。

表2-1　电磁波的分类

频段名称	频段范围	波长范围	分类
甚低频（VLF）	3kHz～30kHz	10km～100km	无线电波
低频（LF）	30kHz～300kHz	1km～10km	
中频（MF）	300kHz～3MHz	100m～1km	
高频（HF）	3MHz～30MHz	10m～100m	
甚高频（VHF）	30MHz～300MHz	1m～10m	
特高频（UHF）	300MHz～3GHz	100mm～1m	
超高频（SHF）	3GHz～30GHz	10mm～100mm	
极高频（EHF）	30GHz～300GHz	1mm～10mm	
至高频（THF）	300GHz～3THz	100μm～1mm	
中红外（MIR） 近红外（NIR）	3THz～429THz	700nm～100μm	红外线
可见光	429THz～750THz	400nm～700nm	可见光
近紫外（NUV） 极紫外（EUV）	750THz～30PHz	10nm～400nm	紫外线
软X光（SX） 硬X光（HX）	30PHz～30EHz	10pm～10nm	X射线
γ	＞30EHz	＜10pm	γ射线

　　有记载的无线通信最早发生在1895年。这一年的5月7日，俄罗斯科学家亚历山大·斯捷潘诺维奇·波波夫（Александр Степанович Попов）在该国的物理化学年会上展示了一台无线电接收机。同年，意大利工程师古列尔莫·马可尼（Guglielmo Marconi）也成功实现了约3km的无线通信。时至今日，小到刷卡进地铁站，大到星际通信，无线通信的应用无处不在。我们使用蓝牙技术实现手机和无线耳机之间的音频传输；我们使用Wi-Fi在室内或半封闭空间内上网；我们使用4G，在户外或移动交通工具里上网。虽然蓝牙、Wi-Fi、4G和5G都属于无线通信，但它们具有不同的无线通信技术标准。技术标准是无线通信收发机之间事先规定好的沟通方式，使用不同技术标准的无线

通信机之间不能进行信息传输，这就如同只说中文和只说英文的人之间无法用言语直接沟通。

为了保证各个国家所使用的移动通信系统能够相互兼容，联合国下辖的国际电信联盟（International Telecommunication Union，ITU）负责推动和发布移动通信技术的世界标准以确保网络和技术的无缝互联。目前，标准的具体制定由一个被称为第三代伙伴计划（The 3rd Generation Partnership Project，3GPP）的联合组织来完成。从第一代移动通信技术（1G，G是generation的首字母）到现在的5G，移动通信技术大约每10年升级一代。每一代移动通信技术每隔一两年都有一次更新，并推出一个新的版本（release）。例如：具备完整4G特征的标准通常被认为是从3GPPRelease 10版本到3GPPRelease 14版本；而从3GPPRelease 15版本起，移动通信系统开始向5G过渡。可见，尽管5G系统已经开始了商业化运营，但它还会不断改进。

从1G到5G，移动通信技术给人类带来了极大便利。1G技术于20世纪80年代投入使用，它虽然只支持语音通信，但让人们摆脱了电话线的束缚。从2G系统开始，通信质量较差的模拟通信被数字通信取代，移动终端（俗称手机）自此开始具备收发短信息和低速上网的功能。到了3G时代，随着智能手机的普及和网速的提升，收发电子邮件和上网浏览信息成为移动通信的主要应用。在即将过去的4G时代，视频传输成为主要应用，移动终端逐渐替代电视成为人们观看视频的首选设备。在5G时代，移动通信主要面向三种典型需求：高速数据传输、海量设备接入、高可靠低时延传输。高速数据传输针对高清视频、虚拟现实等需要传输大量数据的应用；海量设备接入是万物互联的物联网的必然特征；高可靠低时延传输则针对诸如无人驾驶等对数据传输的正确性和及时性有很高要求的工业应用。总而言之，5G不仅能够满足人与人之间通信的更高需求，还可以兼顾人与物、物与物的通信需求。

那么5G系统是如何满足上述三个需求的呢？

首先，它的信号格式更为灵活和简短，可以满足高可靠低时延传输的需求。例如，在4G系统中，移动终端发送数据给基站至少耗时0.5ms，而5G系统凭借它的高速数据传输能力把这个时间压缩了一个数量级，达到0.05ms。

其次，高速数据传输、海量设备接入主要通过更大的频谱带宽和大规模多天线技术（massive multiple-input multiple-output, Massive MIMO）来实现。频谱带宽指的是一个通信系统能够使用的无线电波的频率范围。要了解它对无线通信的重要性，首先需要了解无线通信的信道容量（channel capacity）。信道容量是由信息论的鼻祖克劳德·香农（Claude Shannon）于1948年建立的。它指的是一个通信系统在1s内可以无差错传输的数据量。信道容量与通信系统的频谱带宽及接收信号的信噪比有关。信噪比就像公路的路面质量：高的信噪比就像铺设平整的高速公路，其上的车辆可高速行驶；而低的信噪比就像一条坑坑洼洼的泥土路，其上的车辆只能低速行驶。频谱带宽可以理解为信息高速公路的车道数量：频谱带宽越大相当于车道的数量越多，公路的运输能力也就越强。俗话说"要致富先修路"，增加频谱带宽可以直接提升信道容量。

可是，无线电波的频谱带宽是一种稀缺的国家资源，它的分配需要在国家层面上经过非常严谨和科学的论证。为了部署5G系统，我国已经在6GHz内的无线电波频谱中给各个移动通信运营商分配了超过400MHz（4×10^8Hz）的新频谱带宽。这些新频谱带宽的加入可以扩展运营商们已有的频谱带宽，从而直接提升无线信息传输的速度。

还有什么方法可以进一步增加信息高速公路的车道数量呢？答案是多天线技术。

5G系统中引入了一个大规模多天线技术（图2-1）。通过多个天线的相互作用（图2-2），这种技术能够在空间中形成多个波束，这些波束可以指向不同方向且携带的信息互不干扰，从而可以同时向不同移动终端传输不同数据。理论上，波束数量和天线数量成正比。

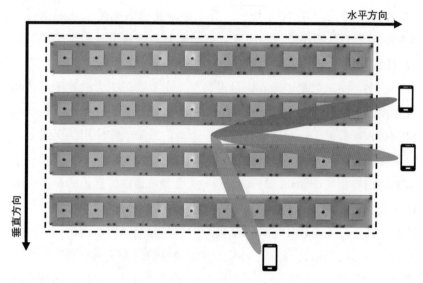

● 图2-1 二维天线阵列实物图

注：图中每一个金属正方形代表一个天线，总共有40个天线。这个二维天线阵列可以在水平方向和垂直方向灵活调整发射信号的波束指向，同时向不同移动终端发射数据或者接收来自不同移动终端的数据。

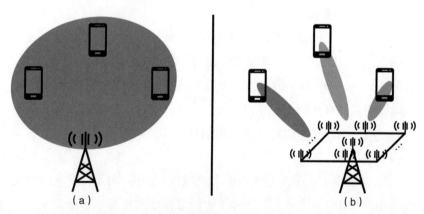

● 图2-2 采用单天线和天线阵列的基站示意图

注：（a）中的基站采用单天线，无法形成可以灵活调整指向的波束；由于信号覆盖整个服务小区，无法同时给不同移动终端传输数据。（b）中的基站采用大规模多天线技术，形成多个可以灵活调整指向的波束，可以同时服务于不同移动终端。

虽然5G技术已经很先进，但它不会是移动通信技术的终点。就在5G走进千家万户的时候，工程师们对下一代移动通信的研究已经展开了。5G主打的无线电波频谱带宽都在6GHz以下。为了获得更大的频谱带宽，下一代移动通信必然会探索更高的频率波段（如30GHz）。当然，技术都具有两面性，通过拓宽高频信息，实现了带宽增容，但是这些极高频信号穿透能力弱，很难穿过或绕过墙壁，很容易被人体等障碍物阻挡，导致信号中断，传播距离也有限。目前的5G技术还不能够很好地解决上述问题，极高频信息的广泛使用还有待无线通信技术的进一步发展和创新。

作者介绍

王锐

南方科技大学电子与电气工程系副教授。2004年获中国科学技术大学计算机科学与技术系学士学位；2009年获得香港科技大学电子与计算机工程系博士学位；2009—2012年在华为–香港科技大学联合创新实验室担任高级研究工程师，从事5G和下一代Wi-Fi标准的预研。担任*IEEE Wireless Communication Letter*等学术期刊的编辑。

电子设备中的数据安全吗

○张锋巍　周雷　葛景全

　　随着科技的日新月异，各类电子设备已经融入了人类的日常生活当中。人们用文字、照片、语音及视频等记录着自己生活的点点滴滴，这些电子设备不可避免地会存储个人隐私数据。人们不禁产生一个疑问：电子设备中的数据安全吗？

　　人类的好奇心永远驱使着人们探寻未知事物，在计算机领域也一样。黑客技术的目标就是研究计算机防护机制的各种破解方案，寻找隐秘的资源。当宾夕法尼亚大学在20世纪50年代创建第一台计算机后，麻省理工学院等学府的一些高级工程师就开始了早期的黑客技术研究，其后更是发展迅速。如1979年，年仅15岁的凯文·米特尼克（Kevin Mitnick）入侵了北美空中防务指挥部的计算机主机。1983年，一群年轻黑客攻击了美国政府机构的计算机系统，包括洛斯阿拉莫斯国家实验室等。

　　2003年，Sobig病毒在全世界传播，并造成了至少50亿美元的损失。该病毒通过局域网扩散，可以定时将用户信息发送到指定邮箱。2006年，28岁的美国人冈萨雷斯(Gonzalez)利用黑客技术，窃取了1.3亿张信用卡和借记卡的账户信息，致使万事达卡国际组织、美国运通公司等机构支付了超过1.1亿美元的相关赔偿。

　　搜狐新闻网站曾经报道过一起木马程序盗取银行密码的案件。该木马程序名叫"TrojSpy_Banker.YY"，伪造了IE浏览器页面。该木马程序可以监控计算机系统中IE浏览器正在访问网页的情况，如果发现用户正在工商银行网上银行的登录页面上输入自己的银行账号和密码，并且确认提交，那么木马程序就会借机弹出一个和真的IE浏览器窗口一样的伪造IE浏览器窗口，并诱骗用户输入相关信息。此后，木马程序会通过用户的计算机系统中的内部邮件系统将窃取到的密码信息以邮件的形式发送到指定的邮件地址。

近几年，伴随着手机功能的日益强大，因手机被盗而发生信息泄露和经济损失的新闻屡见不鲜。手机不再只是单纯地用于通信，它还链接着我们的各种账号，包括支付宝、京东金融、财付通、云闪付、苏宁金融等耳熟能详的金融支付平台及银行信用卡等。如果我们一不小心丢了手机，这些金融支付平台及银行信用卡就可能被破解和盗刷。这充分说明了手机设备信息安全的重要性及信息保护的急迫性。

攻击和保护是竞争发展的（图2-3），安全人员在操作系统易受攻击的情况下研究出了更为可信的保护技术。典型的如Intel SGX等技术[9]，构建一个与操作系统隔离的可信执行环境（trusted execution environment，TEE），以运行对安全至关重要的应用并存储敏感数据。基于硬件辅助的超高权限控制，能避免绝大多数来自网络、操作系统的攻击，从而构建用户数据真正的"保险箱"。

● 图2-3　攻击和保护是竞争发展的

然而，在技术革新过程中，如果硬件特性未能及时进行相应的更新，其安全性能就会受到挑战，基于该硬件技术的可信执行环境就可能出现严重问题。例如，在多核系统中，如果系统调试功能存在漏洞，黑客通过普通用户权限就能提取可信区中的保护数据（如用户指纹，图2-4）。对于手机安全芯片，尤其是ARM平台生态系统，这种潜在的漏洞会影响几十亿台终端设备。及时发现这些漏洞，剔除隐患，可防止巨大的损失。

```
root@genericarmv8:~# insmod payload.ko
[   33.452599] Halting core 0...done
[   33.455969] Checking core 0 status...halted
[   33.460194] Saving context...done
[   33.463569] Executing instruction 0xd4a00003...done
[   33.468482] Overriding instruction at DLR_EL0...
[   33.473048] DLR_EL0: 0xfffffffc000099628, original ins: 0xd65f03c0
[   33.479078] Overriding instruction at VBAR_EL3+0x400...
[   33.484277] VBAR_EL3+0x400: 0x402cc00, original ins: 0xd50344ff
[   33.490131] Writing payload...done
[   33.493558] Restoring context...done
[   33.497104] Restarting core 0...done
[   33.500641] Checking core 0 status...restarted
Hello from Nailgun, currentEL:3

        Exception Level read from the payload
```

● 图2-4 "钉枪"攻击可从手机安全芯片中窃取隐藏的用户指纹信息[10]

因此，在数字时代，我们的电子设备系统依然存在多样化的安全风险，即便安全研究人员设计了各种防护方案也不能保证百分之百的安全，我们的信息数据仍然有被窃取的风险。保护好我们的电子设备中的数据信息已经是网络空间安全领域最重要的研究方向。对于个人而言，养成良好的网络使用习惯、使用正版的操作系统及应用软件和采用正规的安全防护技术等是避免攻击的最好方法。

作者介绍

张锋巍

　　南方科技大学计算机科学与工程系副教授。曾任美国韦恩州立大学计算机系助理教授，计算机和系统安全实验室的主任（2015—2019）。2015年获得美国乔治梅森大学计算机专业博士学位。主要研究领域是系统安全。发表50余篇国际会议论文和期刊论文，是2017年ACSAC（Annual Computer Security Applications Conference）杰出论文奖的获得者。

周雷

　　南方科技大学博士后、中南大学博士，研究方向为系统安全，现在主要研究领域是分析Intel芯片组架构中的硬件特性，构建可信计算环境，对运行时的系统进行检测、修复等方法研究。主要成果已在国际重要学术会议上发表。

葛景全

　　南方科技大学博士后，获中国科学院信工所博士学位。研究方向：在ARM-FPGA SoC平台上，利用软硬协同技术，构建更安全、更可靠、更高性能的系统运行环境。主要成果已经在ESORICS（European System on Research in Computer Security）、ICCD（International Conference on Computer Design）等国际知名的安全和体系结构会议及TIFS（IEEE Transactions on Information Forensics and Security）等顶级学术期刊上发表。

科技热点篇

电子与信息篇

材料与化学篇

生物与科技篇

地球与环境篇

机器人神奇在哪里

○ 柯文德

人类天生就有好奇心，喜欢观察周围的各种事物，喜欢交流和思考，不断地设计各种新的工具去提高社会生产力，推动社会的发展和进步。机器人是人类改造世界的必然产物，是科学技术发展的重要体现。

春秋时期，鲁国人鲁班制作了一只木鹊，能够在天上连飞三天三夜而不落地。晋朝陈寿的《三国志·蜀书·诸葛亮传》中记载了蜀国丞相诸葛亮设计的"木牛流马"，不需要吃喝，能够在崎岖的山路上运送军粮。1495年，意大利人莱昂纳多·达·芬奇（Leonardo da Vinci）用齿轮、铁条、铁架及绳子等，设计了一个发条骑士，能够坐直身体并举起手臂挥动。1737年，法国发明家雅克·沃康松（Jacques Vaucanson）用400多个铜质零件制造出了一只机器鸭子（图2-5），可以拍打翅膀，模仿鸭子的叫声，甚至还可以吃下玉米粒并拉出绿色

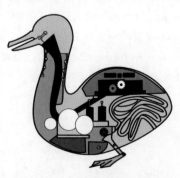

● 图2-5　会吃东西的机器鸭子

的"粪便",此事轰动了法国。伏尔泰（Voltaire）曾说："没有沃康松的鸭子，人们将如何忆起法兰西的荣耀？"

这些令人脑洞大开的机械结构发明，凝练了创作者的智慧，但受限于当时社会整体科学水平，以及缺乏系统性的学科支持，更多地体现出的是凭个人经验"单打独斗"式的研究。这些发明之所以被称为机械结构，是因为它们的运动形态较为单一，多由发条、齿轮等驱动，动作精确度不高，环境适应性不强，"柔性"效果较差；与之不同的是，精确的动作、高度的环境适应性，恰恰是当今机器人的重要特征。现代控制理论、计算机、材料、电子电气、机械等学科的发展，使电机运动得到准确控制，奠定了现代工业机器人的基础。

工业机器人起源于机械臂，20世纪40年代，为了搬运和处理核废料，美国橡树岭国家实验室研发出世界上第一台多关节遥控机械臂。

20世纪50年代末，第一台真正意义的工业机器人（Unimate #001）由美国工程师约瑟夫·恩格尔伯格（Joseph Engelberger）设计，并在通用汽车美国工厂的生产线上投入使用，标志着机器人进入了工业生产领域。2015年，机器人行业协会在约瑟夫逝世后写道："因为他，机器人成了一个全球性产业。"

伴随着工业机器人的逐步普及，人们开始研究如何使机器人更好用、更易用，例如，"示教再现"的方法是通过手持示教器控制机器人按照预先规划好的路线运动，自动生成对应的指令并存储起来，使其能够不断复现所设定的动作；为了增强机器人对周围环境的适应能力，各种类型的传感器也被应用到机器人操作中，例如，"触觉传感器"用于测试机器人是否触碰到物体，"压力传感器"用于反馈机器人与外部接触的力量大小，"视觉传感系统"用于识别机器人所在环境并进行操作定位；为了使机器人校正自身的位置和姿态，引入了"声呐系统""光电管"等技术。通过这些方法，机器人具备了一定的"智能"。

现在，工业机器人已经在各行各业得到了广泛应用，常用的有直角坐标机器人、选择性柔顺装配机械臂（selective compliance assembly robot arm，SCARA）机器人、并联机器人、关节型串联机器人等（图2-6）。

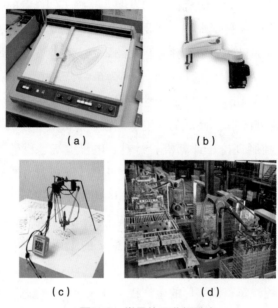

（a）　　　　　　　　　　（b）

（c）　　　　　　　　　　（d）

● 图2-6　常见的工业机器人

（a）直角坐标机器人；（b）SCARA机器人；（c）并联机器人；（d）关节型串联机器人。

到目前为止，对机器人仍然没有一个统一的、被广泛接受的定义，这是因为机器人技术还在不断发展中，新材料、新技术、新方法、新应用不断出现，使得机器人形态、功能等差异非常大。例如，结构上有刚体、软体等，动力来源上有电机、气动、液压、磁力等，运动形式上有轮式、履带、蠕动、固定翼、旋翼、摆动、足式、弹跳等，应用场合上有地下、地面、水域、空域、星际等。以下列举几种典型的机器人。

1. 农业机器人

农业机器人通常是轮式或者履带式的移动结构，稳定性好，在田地移动时方便、快捷；携带全球定位系统（global position system，GPS）及激光地图，能够标识自身在工作区域的位置并构建区域地图，实现路径规划和避障；通常会携带视觉模块，能够识别各种形状的农作物，便于区分不同的植株、果实等。

2. 医用机器人

为实现人体胆囊切除、心脏瓣膜修复及肿瘤癌变组织切除等手术操作，需要清晰的三维视频成像，对微细部位（如毛细血管、纤维组织等）实现高清放大，满足手术中操作精准、无颤抖、创口小及患者易恢复、存活率高等要求。

以美国直觉外科（intuitive surgical）公司研制的达芬奇（Da Vinci）医疗机器人为代表的外科手术医疗机器人正逐渐普及并为人们所认可（图2-7）。

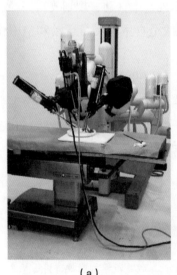

（a）

（b）

（c）

● 图2-7 达芬奇（Da Vinci）外科手术医疗机器人

3. 仿生机器人

仿生机器人在外观和行为上模仿人类、动物等，在人的情感层面更容易被接受，能更好地融入人类社会。这些机器人分为蠕动式、双足或多足行走式等形态，多关节协调运动使其呈现出仿生物运动特征，例如蛇形机器人、四足机器人、人形机器人等。

4. 无人车

无人车是一种高度自治的智能化车辆，用于城市通勤，开展载人、物流、送餐等业务。无人驾驶汽车上装配了计算机控制系统、车载道路感知与处理模块（例如激光测距、视频识别、红外传感器等），能自主规划从出发地到目的地的无碰撞路径，实现自动驾驶，整个过程无须驾驶员干预，车辆自动识别红绿灯、路标、行人、障碍物等，自动提速、减速、避让、泊车。

5. 空中机器人

空中机器人通过固定翼或者旋翼实现空中移动、规划飞行路径、避让静态或动态障碍物，完成半自主或全自主的飞行运动和空中作业，在民用和军事领域用途广泛。

为了使机器人更好地服务于人类，人们设计了机器人三大定律和相关补充定律，为机器人服从人类指令、保护人类和保护自己奠定了伦理基础。相信在不久的将来，机器人将具有更高的智能化程度和更好的环境适应性，成为我们人类社会不可或缺的重要伙伴。

作者介绍

柯文德

南方科技大学机械与能源工程系教学副教授，博士毕业于哈尔滨工业大学计算机系统结构专业，主讲机器人相关课程，主要研究方向为机器人控制、智能算法等，多次指导学生参加全国机器人大赛并获得一等奖、二等奖等成绩。

足式机器人如何行走

○洪泽浚　张巍

　　机器人在现代社会的生产生活中发挥着日趋重要的作用，也被越来越多的人所熟知。虽然机器人的种类繁多，但是创造具有人类形态，并且能像人一样运动的"人形机器人"和具有其他多足动物形态的"多足机器人"，依然是从事机器人研究的学者的目标。这两种机器人被统称为"足式机器人"。

　　相对于其他机器人，足式机器人在功能上最大的特点是，其腿足结构的独特运动使其获得对于复杂地形的强大适应能力。正因为足式机器人的这个特点，学术界及工业界从未停止过对足式机器人技术的探索。

　　在深入讨论足式机器人运动机理之前，我们先简要介绍一下它的发展历史。

　　足式机器人研究领域的先驱性成果出现在1970年左右。在日本，第一台拟人化机器人WABOT 1由加藤一郎（Ichiro Kato）和他的团队搭建完成。与此同时，米奥米尔·武科布拉托维奇（Miomir Vukobratovic）和他的团队设计并制作了世界上第一套主动人造外骨骼，并且他们还首次对足式运动的稳定性进行了系统化的分析和探讨。

　　此后的10年，美国对足式机器人的研究取得了突破性进展。马克·雷博特（Marc Raibert）在麻省理工学院建立了腿足实验室（MIT leg laboratory），并开展了对动态稳定奔跑动作的研究。在这里，一系列运动性能优异的足式机器人被设计出来，包括单足（3D one-leg hopper）、双足（3D biped）和四足机器人（quadruped）。

自1990年起，随着社会对足式机器人关注度的增加，越来越多的企业加入了研发足式机器人的队伍。美国的波士顿动力公司成立于1992年，专门设计军用的大型足式机器人。由于他们此时的经费大多来自军方，研究需要保密，创办后近15年的时间里，波士顿动力一直处于不为人知的状态。同一时期，日本的本田、丰田、索尼等汽车和电子业巨头也纷纷成立了研究足式机器人的部门。1997年，由河田工业主导的人形机器人项目（HRP）发布了人形机器人HRP-1。1999年索尼公司发布了世界上第一款智能足式机器人Aibo，并在之后发布了人形机器人QRIO。2000年，本田公司发布的人形机器人ASIMO，可以在平地上快速行走、跳舞，以及上下台阶，展示出了很强的运动能力。

2008年，波士顿动力发布了四足机器人"大狗"的测试视频，"大狗"从此走进了大众的视线。"大狗"展示出的高度动态的行走动作及极强的抗干扰能力令人叹为观止。此后几年中，波士顿动力又发布了"Spot""SpotMini"等四足机器人，以及"Atlas""Handle"等人形机器人（图2-8）。这些机器人的演示视频不仅在网络上引发热议，在学术界也造成了不小的震动。这些成就让波士顿动力成为全世界最顶尖的足式机器人公司。为了实现足式机

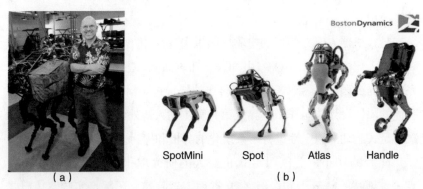

（a）　　　　　　　　　　（b）

● 图2-8　波士顿动力公司的创始人马克·雷博特和波士顿动力公司研发的足式机器人

（a）马克·雷博特与"大狗"的合影；（b）波士顿动力公司研发的机器人。

器人进入人们的生活的目标，公司创始人马克·雷博特努力了40多年；这期间，波士顿动力的投资方几经变更，但这丝毫没有影响马克·雷博特去实现自己的理想。

近年来，我国的足式机器人行业也在蓬勃发展。成立于2012年的优必选科技公司，专注于人形机器人的开发，他们的"Walker"机器人在2019年被美国知名的机器人行业媒体*The Robot Report*评选为最值得关注的五大人形机器人之一。于2016年成立的宇树科技公司，致力于开发能够量产并且具备优秀运动能力的四足机器人。他们的产品"A1"还化身"拜年牛"，在2020年春晚的舞台上与演员合作表演，展示出了优秀的产品性能。除了企业以外，许多科研机构在足式机器人的研究方面也取得了较大进展，例如浙江大学的"绝影"机器人，南方科技大学的"哮天"机器人，都展示出了优异的运动性能（图2-9）。

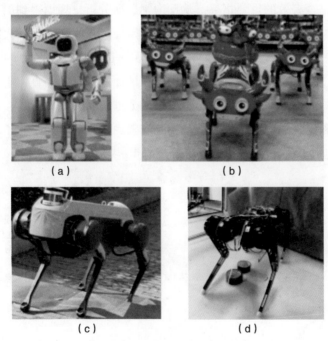

　　（a）　　　　　　　　　　（b）

　　（c）　　　　　　　　　　（d）

● 图2-9　国内足式机器人

（a）优必选"Walker"；（b）宇树"A1"；（c）浙江大学"绝影"；（d）南方科技大学"哮天"。

看到足式机器人炫目的展示视频，一定会有不少人对它们的运动原理充满了好奇。

足式机器人的运动机理是什么呢？

从实现运动功能的层面看，足式机器人的构成可以分成躯体部件和关节。通过对可驱动关节的协同控制，可以让机器人实现我们期望的运动。足式机器人复杂的动力学模型，令机器人关节的协同控制变得很具挑战性。机器人整体的协同控制一般由轨迹规划层和轨迹跟踪控制层配合完成。轨迹规划层根据期望的机器人运动状态，例如运动的速度、迈步的落脚点等，规划出一段时间内质量中心、躯干姿态角度等重要参数的参考轨迹。然后，轨迹跟踪控制层协调机器人可驱动关节的运动，来尽可能实现轨迹规划层所规划的参考动作。

轨迹规划层能否生成可以被机器人执行的参考动作轨迹是判断运动规划是否有效的重要指标。从动力学层面分析，规划得到的参考动作（例如质量中心的参考加速度），必须通过重力和地面反力的作用来实现。基于这个考量，准静态运动规划是一种最为简单的规划方案。如图2-10所示，规划的质量中心在地面的投影须一直位于由足端接触点构成的支撑多边形内部。虽然这个方案保证了规划的参考动作是可行和稳定的，但是它对质量中心的限制较大，严重影响了机器人的动态性能，仅适用于缓慢的准静态行走。

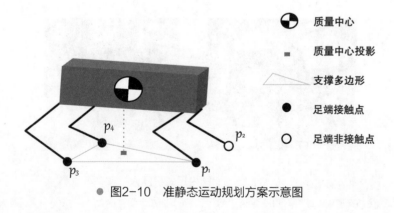

● 图2-10 准静态运动规划方案示意图

基于线性倒立摆模型（linear inverted pendulum model）的行走规划是目前广泛应用于足式机器人的动态行走规划方案。线性倒立摆模型由一个质点和一根长度可变的轻杆组成，可以在重力和地面反力的作用下在空间中运动。对机器人行走运动的控制可以被近似地看作是通过不断切换轻杆的支撑点来实现对整个线性倒立摆模型的控制。这个方案的核心在于，线性倒立摆模型能够近似地描述机器人在行走时质量中心运动轨迹、重力和地面反力之间的物理关系，从而可以根据当前质量中心的状态来实时反馈控制足端的施力点，从而让机器人实现期望的行走运动。通过这种方法，机器人可以实现快速动态行走。

通过对线性倒立摆模型的控制获得质量中心的参考运动轨迹之后，需要控制机器人的各个关节，实现机器人的质量中心对参考运动轨迹的跟随。运用机器人的逆向运动学求解方法，我们可以求出当质量中心沿着参考轨迹运动时，各个关节需要转动的角度轨迹。通过关节驱动器对这些角度指令的精确执行，实现机器人的质量中心近似地沿着参考轨迹移动。

以上方法通过对简单模型的运动进行规划和控制，实现了复杂机器人系统的行走运动，因为实现相对简单，对机器人硬件的要求也不那么苛刻，所以应用非常广泛。但这只是许多足式机器人运动方法中的一种，为了让足式机器人有更好的运动性能，研究者们从来没有停止探索的步伐。相信在研究者们的不懈努力下，足式机器人将在不久的将来走进人们的生活。

✎ 作者介绍

洪泽浚

南方科技大学机械与能源工程系博士研究生。2017年本科毕业于德国斯图加特大学，同年进入德国亚琛工业大学，并于2019年获得硕士学位。主要研究方向为足式机器人设计与控制。

张巍

南方科技大学长聘正教授，博士生导师，深圳市鹏城学者特聘教授，国家特聘专家（青年），美国国家科学基金职业奖（NSF CAREER Award）获得者。本科就读于中国科技大学自动化系。之后赴美国留学，在美国普渡大学（Purdue University）获得统计系硕士学位和电气与计算机工程系博士学位。攻读博士期间获得国家优秀自费留学生奖。博士毕业后加入美国加州大学伯克利分校（UC Berkeley）担任博士后研究员。从2011年开始在美国俄亥俄州立大学（The Ohio State University）电气与计算机工程系任教，并于2017年6月晋升为长聘副教授。2019年全职加入南方科技大学。主要研究方向为机器人控制与机器学习。现为IEEE高级会员和IEEE *Transactions on Control System Technology* 副主编。

什么是3D打印

○白家鸣　罗雪

"3D"一词在我们日常生活里并不少见，如3D电影、3D游戏和3D电视等。那么，什么是3D打印呢？它又是通过什么样的方式实现三维效果的呢？

3D打印，又称增材制造，是近年来最热门的新兴制造技术，通过将材料逐层叠加的方式（"搭积木"）制造三维实体制件。为了满足不同领域的需求，各种3D打印技术相继被开发出来。这里将介绍几种主流的3D打印技术。

熔融沉积成型（fused deposition modelling，FDM）是最常用的一种3D打印技术，发展时间长，技术较为成熟。不少专业人士和业余爱好者在接触3D打印时，都将其作为入门选择。FDM的工作原理[图2-11（a）]是将固体的塑料丝材加热熔化后，通过喷头挤出到工作平台上，层层堆叠直到形成最终的3D模型。FDM技术常用的材料是丙烯腈–丁二烯–苯乙烯共聚物（acrylonitrile butadiene styren，ABS）和聚乳酸（PLA）。由于FDM技术是开源的，它可以通过定制化的改造实现更多场景和领域的应用。

立体光固化成型（stereo lithography appearance，SLA）采用液态光敏树脂作为原料，通过特定波长和强度的激光光束按照路径扫描光固化树脂，使其按由点到线、由线及面的顺序进行固化，再层层叠加成所设计的3D模型，如图2-11（b）所示。相较于FDM，用SLA工艺打印的产品精度更高。

数字光处理成型（digital light procession，DLP）与SLA的原理非常相似，只是采用的光源不同。DLP像投影仪一样将拟打印的图案投影到液态光敏树脂表面，然后使其层层叠加固化成型。与SLA相比，DLP的面成型打印方式可以大大提升打印速度。

选择性激光烧结（selective laser sintering，SLS）和选择性激光熔融（selective laser melting，SLM）的成型原理相同，通过激光对粉末材料按照设定的路径进行扫描熔化，再层层堆积固化成型，如图2-11（c）所示。由于两者的激光能量不同，SLS常用于熔点较低的高分子粉末或者低熔点的黏结剂，SLM则主要用于打印金属材料。

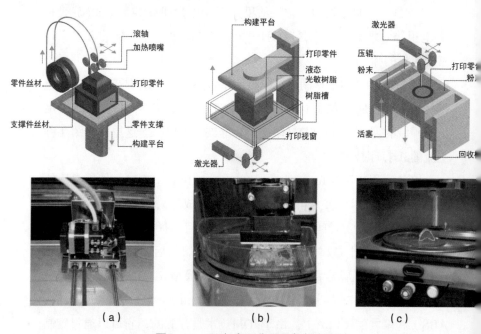

（a）　　　　　　　　　　（b）　　　　　　　　　　（c）

● 图2-11　3D打印工作原理与打印零件

（a）FDM工作原理与打印零件；（b）SLA工作原理与打印零件；（c）SLS/SLM工作原理与SLS打印零件。

相比于传统的铣削、磨削等减材加工技术，3D打印不需要模具及繁复的加工步骤，可以更高效地制造产品。同时，3D打印能够通过逐层叠加的制造方式，将三维问题二维化，并通过"降维打击"，轻松实现复杂、多功能化结构的制造，在保证打印物体强度和完整性的同时，实现打印物体的轻量化。此外，定制化也是3D打印非常吸引人的特点，这在生物医学工程领域的应用尤为突出，例如，根据个体特点定制化的医疗制件，如牙齿、头骨、关节等，可以满足个体的差异化需求（图2-12）。

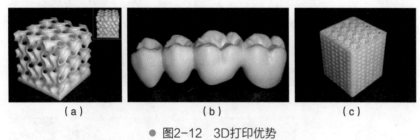

（a） （b） （c）

● 图2-12 3D打印优势

（a）轻量化；（b）定制化；（c）复杂结构制造。

3D打印技术在航空航天、交通运输、生物医学工程及个性消费品等多个领域应用广泛（图2-13）。国际空间站配备3D打印机实现太空3D打印，用于制造、修复损坏的零部件。3D打印用于制造航空航天领域飞行器的关键大部件，如我国已实现$5.02m^2$的钛合金机身整体加强框的整体制造。美国通用航空的发动机燃油喷嘴原来由20个单独部件焊接而成，采用3D技术后实现了燃油喷嘴一体化成型，实现减重25%，使用寿命延长5倍，同时成本下降30%。交通运输领域，大至车身骨架，小至各个零部件，3D打印技术的应用也十分常见。2016年，空中客车公司已实现3D打印电动摩托车，并将其命名为"光明骑士"，而制造时间仅为2天，整体重量不到40kg。在生物医学工程领域，3D打印不仅可以打印人造皮肤、模拟心脏等组织器官，也可以定制用于修复骨缺损的植入物及具有特定释放速度的药片。3D打印在个性消费品方面的应用也十分广泛，包括服装、鞋类、手表、眼镜框、工艺品、玩具等；精美的食物也可通过3D打印制备。此外，在文物保护方面，3D打印也发挥着越来越重要的作用，它可以令支离破碎的古文物"起死回生",在修复的同时使其继续传承,如重庆大足石刻景区应用3D打印技术修复了世界上最大的千手观音像。最近,3D打印技术也被用于助力新冠肺炎疫情防控。利用3D打印快速制造的新冠病毒感染的肺部模型,帮助医护人员更好地诊治患者;3D打印的呼吸机阀门、免手触开门器等缓解了关键医疗部件或设施的短缺。

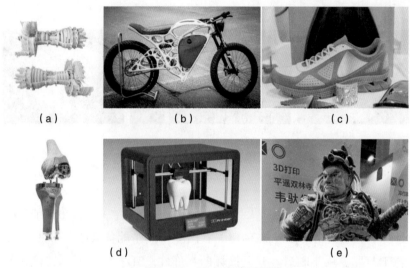

（a）　　　　　　　（b）　　　　　　　（c）

（d）　　　　　　　　　　　　（e）

● 图2-13　3D打印应用领域

（a）航空航天；（b）交通运输；（c）个性消费品；（d）生物医学工程；（e）文物保护。

　　随着3D打印技术和设备的发展及新材料的开发,打印速度更快、精度更高、性能更好的3D打印技术层出不穷,3D打印进入了发展新阶段。例如:连续液态界面生产（continuous liquid interface production,CLIP）革命性地把3D打印速度提高了100倍;基于层析重构的体积增材制造,只需要光照几十秒便可完成制件的打印;飞秒投影双光子光刻技术可实现纳米尺度的复杂结构的超快制备;3D打印可利用高熔点、难加工的陶瓷材料实现弹性体结构制备。

　　综上所述,3D打印技术具有的"降维制造"、一次性成型复杂结构及定制化等特点,将会给传统制造带来深刻的变化,推动制造业实现跨越式发展,使传统的大规模生产模式实现个性化和定制化的转变。3D打印技术应用广泛，涉及各个行业、各个领域，随着3D打印技术和商业应用的发展，其必将给人类的生活生产方式带来巨大的影响。

作者介绍

白家鸣

　　南方科技大学机械与能源工程系助理教授，博士生导师。博士毕业于英国增材制造创新中心。研究领域为增材制造（3D打印），主要专注于研究高性能陶瓷、纳米复合材料、仿生功能结构的3D打印，推动3D打印技术在航空航天、汽车、生物医疗等领域的应用。

罗雪

　　南方科技大学机械与能源工程系研究助理，硕士毕业于华南理工大学，研究方向为高速3D打印技术的开发及应用。

为什么量子点能"小"材大用，大"显"身手

○陈子楠　陈树明

随着科学技术的迅速发展，人类获取信息的渠道越来越多，手机、电视、平板电脑……随处可见的电子产品，让我们即便足不出户，也可知晓天下事，而一块平平正正的显示屏是我们探索世界的窗口。因此，显示技术需要不断发展，才能满足人们日益增长的生活需求。

近年来，量子点在显示领域崭露头角，其"身材"虽小，却在显示领域大"显"身手。

什么是量子点？

1982年，贝尔实验室路易斯·布鲁斯（Louis Brus）博士发明了量子点（quantum dot）。他通过化学合成的手段，得到了一系列尺寸可控的半导体纳米晶，有趣的是，他当时并不知道这项发明的用途。如图2-14所示，量子点一般具有核、壳、有机配体结构，其中：量子点的核［一般是Ⅱ–Ⅵ族CdSe（硒化镉）或Ⅲ–Ⅴ族InP（磷化铟）纳米晶］决定了它的光电性质，如发光色彩；量子点的壳［一般是宽禁带半导体，如CdS（硫化镉）或ZnS（硫化锌）］可以提高核的发光效率；最外层的有机配体使得量子点可溶解并均匀地分散于溶剂中，并通过低成本的溶液工艺（如旋涂、喷墨打印）制作成薄膜。

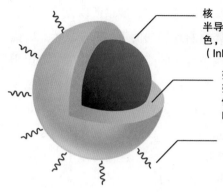

核
半导体核是发光中心，决定着量子点的发光颜色，主要为Ⅱ-Ⅵ族硒化镉或Ⅲ-Ⅴ族磷化铟（InP)等半导体。

壳
壳是硫化锌（ZnS）等具有宽禁带的半导体，用于钝化核的表面缺陷，改善量子点的稳定性和量子产率。

有机配体
有机配体可使量子点溶解并均匀分散于溶剂中；同时有机配体可进一步减少量子点表面的缺陷态，提高量子点的稳定性和量子产率。

● 图2-14 量子点的结构

量子点核的尺寸通常小于10nm，一般由几十到上百个原子组成，大小为头发直径的万分之一，和一个DNA分子的大小相当。对于如此微小的尺寸，我们需要从微观的角度去理解它。众所周知，物质都是由原子构成的，而一个原子包含原子核及环绕原子核运转的核外电子，原子核与电子轨道之间的最短距离（玻尔半径）一般为1~20nm。可以看出，量子点的尺寸通常小于其块体材料的玻尔半径。因此，量子点内部的电子在三维空间方向上的运动都受到了限制，不再自由运动，这被称为量子限域效应（quantum confinement effect），也是量子点名称的由来。

对于量子点，经典的宏观物理定律不再适用，而必须采用量子力学来求解量子点中电子的运动状态。由于量子限域效应的存在，电子的能量被离散化，即电子只允许存在于分立的能级上，这和原子中电子只允许在某一电子轨道上运行的原则类似，因此量子点也被称为"人造原子"。

| 量子点为什么能发光？

要明白这个问题，我们首先需要了解半导体材料的发光机理。在半导体块体材料中，电子通常存在于价带和导带，当电子在不同的能带间转移时，便会伴随着光子等能量的释放或吸收。同样地，当量子点受到了电能或光能的刺激时，其内部的电子会获得足够能量，跃迁

到更高能级；电子在回归到较低能级的过程中，能量便以光子等形式释放。如图2-15所示，相较于块体材料连续的能带结构，量子点的能带会分立为离散的能级，即量子点中电子的能量是量子化的。当电子在能级间跃迁时，量子化的能量将会发出特定波长的光，这使得量子点具有极窄的发光光谱。常用的硒化镉量子点的半高宽（full width at half maximum，FWHM）一般小于30nm。与传统有机光源的半高宽（50～100nm）相比，量子点的半高宽小得多，这使得量子点发射光的颜色饱和度更高、色彩更鲜艳，可提高显示器的色域，使电子屏幕上呈现出大自然斑斓的色彩。

更为神奇的是，量子点的发光色彩可通过改变其尺寸来调节。例如：随着量子点尺寸的增加，量子限域效应变弱，导致能级间的间隙减小，从而使发光往长波方向移动；反之，则往短波方向移动（图2-15）。由此可见，我们只要改变量子点的尺寸，就可以改变它的能级结构，从而实现其在整个可见光范围，甚至是近红外光和紫外光范围内的发射。

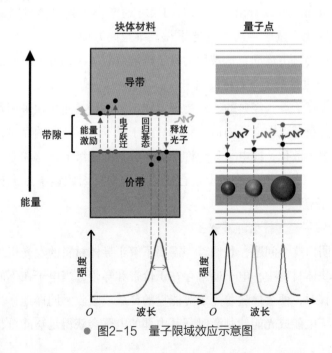

● 图2-15　量子限域效应示意图

除了优异的发光特性，量子点表面的有机配体能保证量子点在溶液中分布的均一性，使量子点具有优异的溶解性。因此，可以使用旋涂法、喷涂法及喷墨打印法等低成本的溶液加工方法，使量子点溶液沉积成膜。想象一下，如果高性能发光器件的制备变得像打印报纸一样简单，那么，高端的柔性显示设备便能以更低的价格走进千家万户。

除了上述在显示领域方面的应用，量子点还被广泛应用于太阳能电池、光电探测器、生物标记等领域，真正做到"小"材大用，大显身手！

目前，量子点在显示领域有两大应用方向，一是基于量子点光致发光特性的量子点背光源技术（quantum dots-backlight unit，QD-BLU），这是目前市面上大多数量子点电视所采用的方案。由于传统液晶电视的色彩表现力不足，因此需要利用背光源发出的蓝光来激发量子点。如图2-16（a）所示，红、绿量子点经由蓝光发光二极管（light emitting diode，LED）照射，发射出红光和绿光，并与未被吸收的蓝光结合形成白光。该白光通过彩色滤波片，将再次转换成色纯度很高的红、绿、蓝单色光。这项技术弥补了传统液晶电视色彩饱和度低的缺点，将液晶显示器的显示色域从NTSC标准的72%提高到124%。然而，这只是量子点技术应用在显示领域的折中方案。

如图2-16（b）所示，与QD-BLU在背光模组上添加量子薄膜不同，量子点滤波片（quantum-dot color filter，QD-CF）技术直接将基准的彩色滤光片材料替换成QD层，以此来显示所需的颜色。这项技术的优势在于减小了传统滤波片带来的能量损耗，将量子点的发光位置设置在离人眼更近的滤波片上，展现出纯度更高的色彩表现力。

然而，上述两项量子点的应用方案离不开传统的液晶显示技术，依然存在能量利用率低、对比度差、无法做成柔性设备等缺点。因此，将目前市面上高端的有机发光显示技术（organic light emitting diode，OLED）同QD技术相结合，是目前学术界及商业界的新热点。由于OLED技术相较于液晶显示技术具有对比度高、能耗低、色纯度高、柔性等优势，因此，如图2-16（c）所示，可用蓝光OLED替代LED背光模组，使光通过由量子点组成的红/绿色转换片展现出鲜艳的颜色。

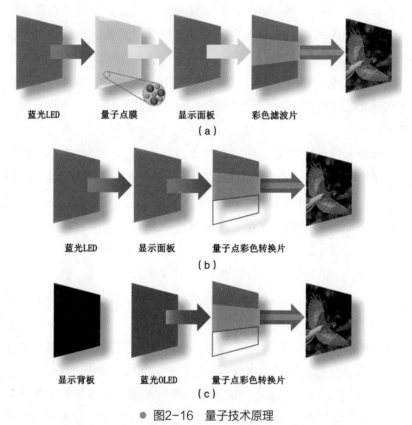

蓝光LED　　量子点膜　　显示面板　　彩色滤波片
（a）

蓝光LED　　显示面板　　量子点彩色转换片
（b）

显示背板　　蓝光OLED　　量子点彩色转换片
（c）

● 图2-16　量子技术原理

（a）量子点背光源技术原理图；（b）量子点彩色转换片技术原理图；
（c）蓝光OLED+QD技术原理图。

　　若想要发挥出量子点的所有潜力，将其完美地应用在显示领域，则需要借助量子点发光二极管显示技术（quantum dot light emitting diodes，QLED），这是一种基于量子点电致发光特性的显示技术。QLED的结构及发光机理如图2-17所示，电子传输层、空穴传输层及量子点发光层三者形成了"三明治"结构，再接通电极形成外加电场，便能促进电子和空穴向发光层注入，最终在发光层相遇并形成激子复合发光，而合适的电荷传输层材料能够保证各功能层间完美配合。与上述的量子点背光源技术相比，QLED不再需要液晶、滤波片和背光源LED。因此，其结构更加简单，响应时间更短，对比度更高，功率消耗更低；其显示色域已经达到了NTSC标准的140%，远高于目前市面上高端显示设备所能达到的范围。不仅如此，由于量子点可以采用溶液法进行加工，因此QLED器件也可以通过喷墨打印技术、转移印刷技术等非真空方法来制备，这大大降低了制备成本。此外，这一特性也使QLED能够集成于柔性衬底上，这都为QLED在下一代大面积、全彩色、低功耗、低成本、超薄及柔性显示技术的应用提供了基础。

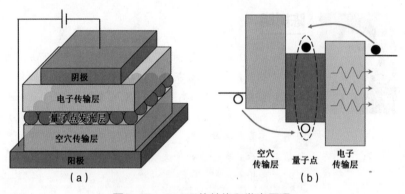

● 图2-17　QLED的结构和发光原理

（a）QLED的常规结构图；（b）QLED的发光原理示意图。

　　QLED除了能够在显示领域大放异彩以外，其柔性、可穿戴的特点，也让它能够与其他电子元件相辅相成。如：基于柔性QLED的压力敏感显示器，可实时测量、存储和显示外部的机械形变；可穿戴的QLED设备，能够作为生物传感器的可穿戴式光源；基于QLED的光电传感器，可以分别作为光源和探测器进行运作。

　　总之，尽管QLED表现出了远超其他高端显示设备的优异特性，但其市场化依旧任重而道远，目前依然面临着器件寿命短、蓝光QLED效率低、镉基量子点具有毒性等挑战。为了让QLED这项技术尽早地服务于大众，研究人员正努力优化QD的合成方法及器件结构，希望以此提升QLED的性能。我们有理由相信，QLED为我们带来的对于未来显示形态的美好想象，终有一日能够成真。

作者介绍

陈子楠

南方科技大学2015级光电专业本科生，2019年获保送研究生资格，现在南方科技大学电子与电气工程系攻读硕士学位，导师陈树明。

陈树明

南方科技大学电子与电气工程系长聘副教授，广东省自然科学"杰出青年"基金获得者，广东省科技创新"青年拔尖人才"入选者，广东省高等学校"优秀青年教师"培养计划入选者。长期从事OLED/QLED等电致发光显示技术的研究，获深圳市"青年科技奖"、香港科学会"青年科学家奖"、国际信息显示协会"杰出论文奖"、南方科技大学"青年科研奖""杰出科研奖"等。

是什么让激光如此特殊

○高娴　陈锐

太阳发出的光能是地球上大多数动植物赖以生存的能量源泉。对人类来说，生产和生活都离不开光（图2-18）。

光能除了用于照明，在生产中也发挥着重要的作用。在由电能或某种光能转换为其他光能的应用中，有一种特殊的、被称为激光的光源，它是20世纪以来的又一重大发明，被称为"最快的刀""最准的尺""最亮的光"。

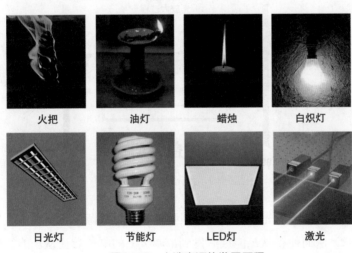

火把　　　　油灯　　　　蜡烛　　　　白炽灯

日光灯　　　节能灯　　　LED灯　　　激光

● 图2-18　人造光源的发展历程

激光的英文名laser是light amplification by stimulated emission of

radiation的首字母缩写，意思是"通过受激辐射的光放大"。台湾学者把它叫作"镭射"或"莱塞"，是laser的音译。1964年，我国著名的科学家钱学森先生建议将其名改为"激光"，这个名字从物理机制问题出发，比音译更加贴近这种特殊的光的本质。激光集单色性、相干性、方向性和高亮度这一系列特征于一身，这些特征使得激光在众多人造光源中成为最特殊的一种。

激光同时拥有这么多特殊的性质，与它的产生原理密切相关，我们可以用简化的二能级系统（图2-19）来解释。首先，我们来看看材料的发光过程：材料中的电子在外来能量（泵浦源）的激发下由基态E_1跃迁到较高能级E_2上。电子就像水一样，更倾向于往低处流。于是，这些处于高能级E_2的电子将会跃迁回到低能级E_1上，并发射出一个光子。由于能量守恒，发射出的光子的能量就刚好等于这两个能级的能量之差（E_2-E_1）。一般来说，材料的发光过程在纳秒量级，发光之后，高能级E_2上的电子总数减少。

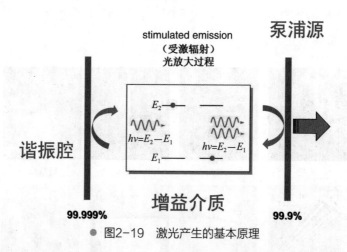

● 图2-19　激光产生的基本原理

假如泵浦源（光能或电能）很强，电子可以源源不断地被激发到高能态，从而使得从E_1能级激发到E_2能级上的电子数比从E_2能级跃迁回E_1能级的电子数多，形成粒子数反转。我们把这种能够形成粒子数反转的材料称为增益介质。

在粒子数持续反转的同时，假如进来一个能量为E_2-E_1的泵浦光子，那么这个光子会被增益介质吸收么？

答案是否定的。处于低能级E_1的电子能够吸收光子。但是，对于增益介质来说，其电子更多处在E_2能级，E_1能级上没有多余的电子来吸收这个光子的能量。所以，这个时候增益介质对于泵浦光子来说是"透明"的。

但是，泵浦光子也不是完全"雁去无痕"，当它穿过增益介质时，由于微扰的作用，将导致一个电子从E_2能级向E_1能级跃迁，同时发出一个能量为E_2-E_1的光子。也就是说，泵浦光子穿过增益介质时，会诱导其发光。这其实就是一个1变2的过程，称为受激辐射，其实质是光的放大。我们注意到，这两个光子一模一样，有着相同的能量和相位，没有办法区分，从物理上来讲，二者是相干的。

那么问题来了：既然能够实现1变2，能否实现光持续不断地放大？

很明显，假设增益介质足够长，光子在经过单位长度后就能实现1变2，接着2变4，再4变8……直到1变N。这有点像原子弹爆炸的链式反应原理。

但是，世界上并没有无限长的增益介质。考虑到光的特点，我们可以将两面具有高反射率的镜子放在增益介质的两端，这样就可以利用光的反射，使光在增益介质中来回振荡，从而实现无限放大。这两面镜子形成的结构就叫作谐振腔。

这里又引出另外一个问题：光在谐振腔中来回振荡，无法从谐振腔中发射出来，怎么办？为了解决这一问题，人们将其中一面镜子的反射率做小一点点。最终，光将从这面镜子上"漏"出来。由于稳定的光路和谐振腔的镜面垂直，最后漏出来的光具有良好的方向性，透射出来的光就是激光。

激光的这些特殊性质使它成为很多行业中不可替代的光源或激发源。例如：由于具有单色性好、亮度高的特点，激光在存储领域、医学领域（激光生命科学研究、激光诊断、激光治疗）、激光加工等领域是不可替代的；激光相干性和准直性的特点，使光纤通信、激光成像等领域也有了突破性的进展；另外，激光的亮度可做到极强（能量极大），在自动化激光加工、激光聚变、激光武器等方面也有着广阔的应用前景。

早在1916年，著名的犹太裔物理学家爱因斯坦（Einstein）就提出了受激辐射的概念。1958年，美国科学家肖洛（Schawlow）和汤斯（Townes）提出了"激光原理"，并因为这个重要的发现获得1964年的诺贝尔物理学奖。1960年5月15日，美国加利福尼亚州休斯实验室的科学家西奥多·梅曼（Theodore Maiman）和威利斯·兰姆（Willis Lamb）宣布获得了波长为0.694 3μm的激光。1966年，随着激光器研究的不断深入，光纤技术有了突破性进展，"光纤之父"高锟也因此项工作获得了2009年的诺贝尔奖。1997年，中村修二（Shuji Nakamura）宣布开发出氮化镓（GaN）激光器，该激光器可在脉冲模式下发出明亮的蓝紫色激光。另外，2018年的诺贝尔物理学奖也授予了研究激光的应用和发明超短脉冲激光的科学家。时至今日，激光器及激光已经应用于各行各业，包括工业、农业、医疗、军事，激光应用早已悄无声息地遍布于世界的各个角落（图2-20）。

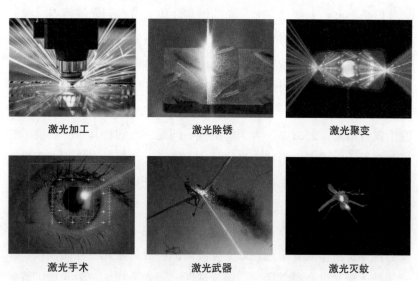

激光加工　　　　　　　　激光除锈　　　　　　　　激光聚变

激光手术　　　　　　　　激光武器　　　　　　　　激光灭蚊

● 图2-20　激光技术的应用

戈登·摩尔（Gordon Moore）曾经提出"集成电路芯片上所集成的电路的数目，每隔18个月就翻一番"这一能扩展应用到工业领域的摩尔定律。但随着信息技术的发展，我们已经逼近摩尔定律的极限。在后摩尔时代，光子集成技术已经成为打破摩尔定律的主要技术手段之一。在介观尺度上，光与物质的相互作用将产生出一系列不同于宏观材料的新奇现象。笔者团队也致力于低维半导体增益材料的调控及微纳激光器的研制，希望通过材料维度来调控激光器的性能，不断深入研究，为更多领域的发展添砖加瓦。

作者介绍

高娴

南方科技大学电子与电气工程系博士后，长春理工大学博士。2016年王大珩光学奖（高校学生光学奖）获得者。研究方向为半导体材料发光性质与外延生长。在*Nanoscale Research Letters*、*Optical Materials Express*等学术刊物发表学术论文10余篇，其中关于GaAsSb合金局域态载流子的发光性质及转换机制的研究工作受到美国科技媒体Science Letter的关注。

陈锐

南方科技大学电子与电气工程系教授，新加坡南洋理工大学理学博士，厦门大学工学博士。研究方向包括激光光谱、材料光学特性研究、光学微腔与微纳激光器等。已在*Advanced Materials*、*Nano Letters*、*Small*、*Applied Physics Letters*等国际知名杂志上发表论文150多篇。文章被引用4 000多次，H指数38，目前主持和参与科研项目10余项。

神奇的 "隔空充电" 是如何实现的

○寒林旎　章程　牛松岩

如果说水是生命之源,那么电就是科技之源。电和大家的生活息息相关,它几乎渗透了每个行业的各个角落。电能可以转化为光能、热能等不同形式,满足人们日常生活所需。

光的传播不需要介质,热能传播则需要介质。那么,电的传导需要介质吗?目前,大多数情况下电确实是通过我们熟知的电线或电缆传导的。然而,电接口的频繁拔插极易损坏电路主板,电线破损、老化也容易造成漏电、触电等安全隐患。

那么,没有电线,电流能够传输吗?

随着科技的发展,一种全新的电能传输方式——"隔空充电",正在走进我们的生活。隔空充电,就是导体中的交变电流形成电磁场,通过场的耦合实现电能的无线传输(wireless power transfer,WPT)。

无线充电技术,顾名思义,就是不使用导线连接的一种电能传输方式。19世纪20年代,丹麦物理学家汉斯·奥斯特(Hans Oersted)发现,在通电导线的周围存在圆形磁场,且磁场的方向和电流的方向存在特定关系[图2-21(a)]。19世纪30年代,英国科学家迈克尔·法拉第(Michael Faraday)发现,当用闭合电路导体的一部分去切割磁感线时,导体上会产生电流。这种由电磁感应效应所产生的电流称为感应电流[图2-21(b)]。随后,人们将导体静止放置,把两个磁极对调，即改变磁感线的方向，导体上感应电流的方向也随之改变。当磁极发生周期性变化且导体线圈固定，或者磁极固定且导体线圈往复运动切割磁感线时，导体上就会产生方向周期性变化的电流，这也就是我们日常使用的交流电。

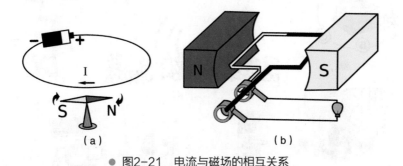

（a）　　　　　　　　　　（b）

● 图2-21　电流与磁场的相互关系

（a）"电生磁"现象；（b）"磁生电"现象。

交变的电流会形成交变的磁场，当其频率高于300MHz时，便会向外发射电磁波。无论是场还是波，都携带着能量。无线电广播正是利用电磁波来传递信号，但其大部分的能量都会散失在空气中。无线充电技术，就是用一种非扩射性的场来聚集这些能量，从而实现能量在发射端与接收端的传递。

当发射电路的固有振荡频率与接收电路的固有振荡频率一致时，会产生所谓的电磁"谐振"现象，从而加强能量在发射端与接收端的耦合与传递。依循这一原理，19世纪末，在哥伦比亚举办的世界博览会上，美国著名物理学家尼古拉·特斯拉（Nikola Tesla）首次用无线电能传输的方式，将一盏磷光灯点亮，开启了无线电力传输的大门。

目前，无线充电技术已经在很多领域应用[11]（图2-22）。以消费电子类产品为例，小到耳机，大到汽车，越来越多的电子设备加入了无线充电的阵营。当你走进餐厅，其桌面上都配备了支持手机充电的无线充电平台，用餐时只需将手机放置在桌面上，用餐完毕，手机电池也充满了；具备无线充电功能的道路甚至可以为驾驶中的车辆充电，司机不需要考虑续航里程问题，方便了人们的出行。

掌上电脑　智能手机　笔记本电脑　机器人

智能家居　无人机

工业设备　智能门锁　智能摄像头　医疗设备

● 图2-22　无线充电技术的应用场景

　　整体上，无线充电系统可以划分为四个部分：发射线圈、接收线圈、整流单元和逆变单元、负载。以手机为例，在手机背部和充电面板上分别放置一个线圈，充电板的线圈接通电源后，高频的交流电在发射线圈周围激发出高频交变的磁场。当手机靠近充电器时，其背盖上的接收线圈受交变磁场的作用，产生感应电流，通过手机侧的整流单元，将高频交流电整流为直流电，为手机电池充电（图2-23）。

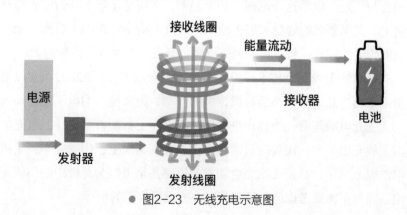

接收线圈　能量流动

电源　接收器

发射器　电池

发射线圈

● 图2-23　无线充电示意图

目前，行业领先的手机无线充电功率达到100W。汽车的无线充电功率从几千瓦到几十千瓦不等，如特斯拉电动汽车的某款低功率交流充电桩的充电功率为11kW。

无线充电技术正朝着便携性、远距离、高功率密度方向快速发展，未来将渗透人们生活的各个方面，全场景无线充电将不再是科幻。无论是在室内使用的移动式电子设备，还是在马路上行驶的电动汽车，都将具备无线充电的功能。人们再也无须被烦琐的导线牵绊，也无须担心设备的电量不足。随处可见的无线充电，让你走到哪儿都能为电子设备自动充电。

当前，无线充电技术还存在一些技术瓶颈。例如，充电效率随着发射线圈与接收线圈间的距离增大而迅速下降，通常设定两者间距不超过线圈直径的1/4。在使用时，发射线圈需与接收线圈中心对准，因为位置偏移会造成线圈之间的磁场耦合程度下降，更多的磁场将以漏磁的形式存在。为了保证接收线圈侧的有效功率不变，需要提高电流强度来形成更强的磁场，导致系统热阻损耗增大，设备快速升温，从而带来其他安全隐患。

无线充电技术是新兴领域，面对该技术存在的缺点和不足，无数科研人员为之不懈努力[12]。笔者所在的研究团队，聚焦无线充电技术多频传输应用、损耗与传输效率评估、辅助机构设计，目前已成功搭建6.6kW电动汽车无线充电系统，传输效率超过92%，达到世界先进水平。

无线充电技术在带给人们便利的同时，也可能给人体带来潜在的危害。大量研究表明，长期暴露于磁场超标的环境中，人体的生物磁场、内分泌系统等会受到不同程度的影响，甚至导致某些疾病的产生。如何将该技术的风险降低，最大限度地让每个人享受科技带来的便利，是科研人员应继续努力的方向。

作者介绍

蹇林旎

　　南方科技大学电子与电气工程系长聘副教授，博士生导师，广东省本科高校电气类专业教学指导委员会秘书长，深圳市电力直驱技术重点实验室主任。曾获广东省杰出青年基金资助，入选广东省高等院校优秀青年教师培养计划、广东省科技创新青年拔尖人才、深圳南山领航人才。主要研究方向有电力直驱技术、车网能量交互技术（V2G）、智能微电网、电动汽车无线充电技术。

章程

　　南方科技大学电子科学与技术专业在读硕士研究生，导师为蹇林旎副教授，本科毕业于中国矿业大学电气工程及其自动化专业。主要研究方向为谐振式无线输电技术。

牛松岩

　　南方科技大学与香港理工大学联合培养博士研究生，中南大学电气工程及其自动化专业学士，南方科技大学电子科学与技术专业硕士。主要研究方向为磁谐振式无线输电技术，发表JCR-Q1区SCI论文2篇，成功主持搭建了6.6kW电动汽车无线充电系统，传输效率超过92%，达到世界先进水平。

材料与化学篇

Materials and
Chemistry

03

人工养殖硅藻可以做成哪些新材料

○黄锦涛　李涛　孙大陟　庄兆丰

　　硅藻是一类真核生物体，是大自然中常见的单细胞藻类，其种类繁多，数量极大，分布也非常广泛[13]。硅藻植物个体非常小，大小为0.01～0.1mm。硅藻植物通过光合作用吸收二氧化碳并释放氧气，对全球气候的变化有一定影响。此外，硅藻是重要的生物资源，是鱼类、贝类等水生动物的主要食物之一，在水生态系统、生物环境监测中起着重要作用。

　　硅藻具有特殊的硅质化细胞壁（硅藻壳），按形状主要分为辐射对称和两侧对称两个基本类型（图3-1）。硅藻壳是自然界独一无二、纯度极高的生物无机材料，也是最佳的微纳生物平台材料，具有非常重要的研究意义，在工业中也得到越来越广泛的应用[14]。

● 图3-1　自然和科学的奇妙统一：左为莲蓬，右为中心纲硅藻壳

　　目前，硅藻几乎都是纯天然生长的，而其中使用最多的硅藻基材料为硅藻土，是硅藻中的硅藻壳经过千万年后所形成的矿物质。活体硅藻含有98%的二氧化硅，但其在商业上的应用既不同于硅藻土，也不同于人工合成的二氧化硅材料。每一个单体硅藻，都只有3种成分：1/3的硅藻壳（图3-2），1/3的蛋白质，

1/3的硅藻脂。所以，硅藻产业可以解决工业原料（硅藻壳）、能源（硅藻脂）和粮食（蛋白质）这三大全球根本性问题。

材质组成：硅藻外壳由二氧化硅组成，二氧化硅纯度大于98%；质轻、耐高温、耐腐蚀。

01 高比表面积

02 98%二氧化硅

03 多级多孔结构

04 密度小

多级多孔结构：天然形成的微孔排列形成多层丝网状结构，多数孔径为2~200nm。

高比表面积：1cm³的硅藻壳，具有几百平方米的表面积（200m²/g）

密度小：硅藻壳镂空的多孔结构，决定了其极小的材料密度（堆积密度为50kg/m³）

● 图3-2　硅藻壳的特性

　　硅藻虽然全身都是宝，却存在养殖成本高、分离技术难等无法大规模养殖的技术难题。20世纪美国微藻能源研究所曾花费20多年的时间去研究攻克这一难题，却仍只能停留在实验室条件下养殖，导致硅藻的产业化被搁置。几年前，美国工程院院士王兆凯教授首次成功实现了户外大规模养殖硅藻[15]。王院士根据硅藻分布广、生长快、竞争优势强等特点，开发了独特的开放式规模化硅藻养殖系统，形成了硅藻养殖、硅藻收获到硅藻综合利用的一整套标准化生产体系。目前，应用研发中心的硅藻培养技术养殖硅藻，每公顷养殖面积每年可生产120t硅藻干粉。

　　到目前为止，硅藻壳的相关应用研究在实验室已经取得了一些实质性的成果，部分已经进入中试过程或产业应用阶段，具体如下所述。

　　北京师范大学杨晓晶教授与中国空间技术研究院崔方明、张策研究员团队发现，由硅藻提取的硅藻壳具备多级多孔结构，同时其表面覆盖了碳化层，该特性可有效解决体积膨胀问题，可用于锂离子电池负极材料。该合作团队利用硅藻壳研发了比容量超过900mAh/g的硅藻壳SiO_2@C负极材料，该负极材料具有超薄的厚度，孔道丰富且分布均匀，这种特殊结构有效解决了二氧化硅负极材料在充放电过程中的体积膨胀问题，延长了循环使用寿命。

南科大-泰利能源联合实验室孙大陟教授团队基于硅藻壳材料开发了一种超疏水耐磨涂层。利用硅藻壳在涂层表面构筑微纳结构使得材料表面疏水角达到了150°。同时，该疏水涂层具有极强的耐刮擦和耐腐蚀性能，可以广泛应用于海洋工程、5G通信工程、建筑工程等领域。由于硅藻材料的多孔结构和"锁链效应"，涂层中的树脂具有极佳的黏结性能，涂层的使用寿命也大大提高。将这种超疏水涂层涂覆在5G基站外壳表面后，将能达到防结冰、防腐蚀、防油污、防积雪等效果，从而提高设备的信号稳定性。

深圳市某生物工程研发团队基于硅藻壳独特的结构性能特点发明了一种用于重金属废水的处理剂——生物硅重金属吸附剂。生物硅重金属吸附剂是一种天然硅基介孔吸附材料，具有吸附容量大、去除效率高、性质稳定、可重复持续利用、循环可再生、天然环保、成本低等特点。目前研究发现，硅藻壳作为吸附剂，可对水体中常见的铜、铬、汞、铅、银、镉等重金属进行有效吸附，并且吸附稳定性优异，可保证重复使用200次以上。

北京一家研究院采用硅藻脂为原料，经过催化脱氧工艺过程生产的纯烃生物能源产品，其脱氧率可以达到99%以上。与传统石化柴油相比，纯烃生物柴油具有相同的化学组成、相同的物化性能和相同的动力性能，因此完全可替代石化柴油在发动机中使用，且该产品经过精制及调和后，可以单独与石化柴油市场进行无缝对接。此外，人工养殖硅藻材料还有很多其他的应用研究（图3-3），比如：硅藻壳导热相变材料，硅藻壳生物可降解塑料，硅藻壳型微纳米结构防声呐、防红外、防雷达隐身材料，硅藻壳合金材料，等等。

基于上述阶段性成果可知，硅藻产业是一个极其庞大的生态产业系统，它不仅是材料领域的一场革命，也可满足世界各国各种高、精、尖材料的需要，而且将在工业、农业、国防、医药、环保、粮食和能源安全等方面发挥巨大作用（图3-3）。并且，人工养殖硅藻产业链的各个生产环节都是完全零污染，这符合全球产业发展的环保要

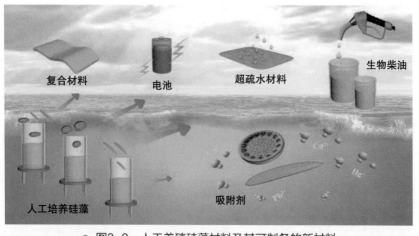

● 图3-3　人工养殖硅藻材料及其可制备的新材料

求。此外，与新材料、新能源相关的硅藻衍生产业，80%都是产业振兴和技术改造重点支持领域，发展前景不可限量。由此可知，人工养殖硅藻材料在能源及环境方面将有非常重大的学术及应用价值。

✎ 作者介绍

黄锦涛

　　南方科技大学研究助理教授，主要从事生物基能源材料制备及性能、传统加工方法制备锂离子电池电极材料的研究工作。

李涛

　　南方科技大学-哈尔滨工业大学联合培养在读博士研究生，主要从事高分子纳米复合材料改性研究。

孙大陟

　　南方科技大学副教授，主要从事软物质材料的研究与开发工作，其研究领域为高分子材料、高分子复合材料、工程塑料、纳米材料、胶体分散与自组装、碳材料及新材料的工程工业应用。

庄兆丰

　　南方科技大学材料系在读本科生。曾获得3次优秀学生奖学金一等奖、德国 "Falling Walls Lab" 国际比赛二等奖、校优秀学生干部、材料系晶相大赛特等奖、材料系微观摄影大赛特等奖等荣誉。

纳米材料膜如何为我们带来洁净水

○王钟颖　王莅　韩琦

　　纳米材料是指在三维空间尺度中，至少有一维处于纳米量级尺寸（1～100nm）的材料或由它们作为基本单元构成的材料。这个尺寸相当于10～1 000个原子紧密排列在一起的长度。纳米材料可分为零维材料、一维材料、二维材料和三维材料。零维材料是指三维尺寸均限制在纳米量级的纳米材料，例如量子点等；一维材料是指在一个维度上可以自由生长，在另外两个维度上受限的材料，如纳米线、碳纳米管（carbon nanotube，CNT）［图3-4（a）］等；二维材料是指可在两个维度上自由生长的片状材料，如石墨烯、过渡金属硫化物；三维纳米材料虽然在三个维度均超过了纳米尺度，但其内部含有丰富的纳米结构，一般为立体材料和孔材料，如金属有机框架化合物（metal–organic frameworks）、多孔碳、分子筛等。

　　2004年，曼彻斯特大学安德烈·吉姆（Andre Geim）团队通过机械剥离的方法成功制备出单原子层的石墨烯材料，并提出了"二维材料"这个概念。自此以后，越来越多的二维材料得到了深入的研究，并应用到电极、防腐涂料、储能、催化等领域。除石墨烯以外，近年来被发现并得到广泛关注的二维材料还包括迈克烯（MXene）、二硫化钼（molybdenum disulfide，MoS_2）［图3-4（b）］、黑磷等，以及有机二维材料，如二维金属有机框架材料、二维共价有机骨架、二维高分子等。

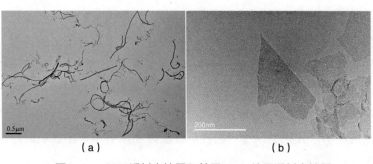

● 图3-4　CNT透射电镜图和单层MoS_2片层透射电镜图

（a）CNT透射电镜图；（b）单层MoS_2片层透射电镜图。

荷兰科学家梅斯芬·梅孔宁（Mesfin Mekonnen）研究发现，每年大约有40亿人（约占世界2/3的人口）至少有1个月面临严峻的水资源短缺问题。近年来，人们采用膜分离技术，通过海水淡化、废水净化回用等方式缓解了部分地区的水资源短缺问题。但传统的膜法水处理工艺中所使用的高分子聚合物分离膜，存在着进水要求苛刻、净化效率低、容易污染等问题。

随着纳米科技的发展，人们开始尝试将纳米材料引入膜的制备和改性中，以获得性能更优异的分离膜。科研人员最先利用的是纳米材料优异的物理化学性质，将纳米材料与高分子结合以制备复合膜。例如：将碳纳米管添加到聚合物膜中，得到机械强度更高并且具有更优良的过滤性能的复合膜；或者将氧化石墨烯沉积到聚合物膜表面，利用其亲水性来提高膜的抗污性能。

近10年来，科学家开始尝试摆脱分离膜对高分子材料的依赖，直接利用纳米材料制备分离膜。这其中，二维纳米材料因其独特的片层结构和可精确调控层间距等优点，引起了广泛的关注。图3-5展示了三种不同结构的二维材料膜。

其中，图3-5（a）是由纳米片层叠加而成的二维层状膜，水分子和其他物质透过曲折的片层间纳米缝隙，通过控制膜层间距实现对不同尺寸的分子和离子的选择性筛分。图3-5（b）中的二维材料膜是在图（a）中层状膜的基础上，由多孔纳米片层堆叠而成的。因此，膜结构中除了片层之间的纳米缝隙通道以外，片层内部的纳米孔道也可以作为传质的通道，从而缩短了传质路径并增大了水分子的通透量。对不同物质的选择性分离由层间距和纳米孔洞的尺寸共同决定。图3-5（c）是由单层多孔纳米片层形成的膜，这种膜的厚度仅为一层或者几层原子厚度，片层内部的纳米孔道是唯一传质通道，设计者可以通过调控这些纳米孔道的尺寸、极性等性质来实现对水体中物质的选择性分离。

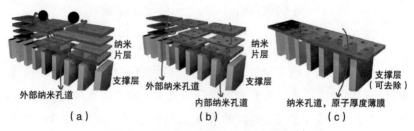

● 图3-5　三种不同类型的二维材料膜示意图

（a）纳米片层堆积的二维层状膜；（b）多孔纳米片层堆积的二维材料膜；（c）单层或少层多孔纳米片层膜。

　　总而言之，用二维材料制备的分离膜，其厚度通常在几个至几百个纳米之间，厚度仅为传统高分子膜（100～200μm）的几百分之一。这种厚度上的优势不仅可以有效减小传质距离和阻力从而增大水通量，还可以在制备成膜组件时显著增加膜组件的装填密度，以提高单个膜组件的水通量。如传统高分子纳滤膜的水通量为10～40LMH/bar，而由二维纳米材料制备的纳滤膜的水通量可以达到200～2 000LMH/bar。此外，通过改变二维材料膜的膜层间距或表面孔尺寸及极性，可以有针对性地对不同的分离目标进行筛分，从而实现选择性分离。

　　二维材料膜的分离机理主要包括尺寸筛分和道南效应（图3-6）。尺寸筛分是指二维材料膜利用特定大小的层间距或者纳米孔，只允许原料液中尺寸比其小的物质（比如水分子）通过，而尺寸大于该特定间距（或孔大小）的物质则被截留在膜表面，以此实现对原料液中不同物质的选择性分离。道南效应是指由于二维材料膜表面存在电荷，在同性电荷静电斥力的作用下，带同种电荷的离子难以进入膜内，为保持溶液电中性，带相反电荷的离子亦被截留，从而实现对溶液中盐离子的去除。

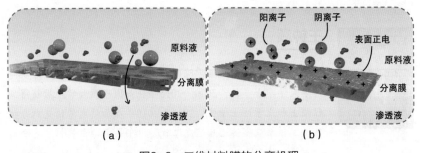

● 图3-6　二维材料膜的分离机理

（a）尺寸筛分原理图；（b）道南效应原理图。

相比于高分子膜，二维材料膜不仅拥有更高的机械强度和分离效率，而且基于其优异的物理化学性质，可以实现高分子膜不具备的特异性污染物分离及水净化功能，例如光催化膜杀菌。饮水安全对于人类健康至关重要，传统杀菌工艺主要使用化学氧化方法，其杀菌过程会产生有毒甚至致癌的副产物。近年来，科学家发现二维材料膜可对菌体进行有效分离、去除，而且利用二维材料的光催化性能产生的活性氧自由基还可以杀灭水中的致病菌。

随着工业的发展及人们生活水平的提高，大量含有重金属及有机污染物的工业废水和城市生活污水被排入江河湖泊而对周边环境造成危害。传统的高分子膜（例如纳滤膜）对重金属的去除效率偏低，而有机污染物的存在容易造成膜孔污堵，此外，水体中的有机溶剂还会造成高分子的溶胀，导致膜性能不可逆下降。作为二维材料膜典型代表之一的MoS_2层状膜，由于材料表面的硫原子对重金属离子有着极强的亲和性，可以选择性地吸附水体中铅、镉、汞等重金属离子，实现重金属离子从水体中分离。利用二维材料膜处理含有机污染物水体时，由于膜材料本身物理化学性质非常稳定，在复杂水体中可很好地保持膜结构和层间距的稳定性，可对复杂水体中的有机物进行有效去除，二维材料亲水表面也减弱了有机污染物的附着，可保持水通量的稳定。

作者介绍

王钟颖

　　南方科技大学环境学院副教授，博士生导师。2010年获得清华大学学士学位，2010—2015年在美国布朗大学先后获得工程硕士和化学博士学位，2016—2019年在加州大学伯克利分校环境工程系从事博士后研究工作。近年来主持自然科学基金面上项目，近5年在*PNAS*、*ACS Nano*、*Environmental Science & Technology*等杂志发表论文20余篇，总引用次数达1 800余次，并担任*Water Research*、*Environmental Science & Technology*等10余个杂志的独立审稿人。

王莅

　　南方科技大学和香港大学联合培养博士，2012年毕业于中国海洋大学，获学士学位。主要研究方向包括：反应催化膜的制备及其在环境领域的应用（如催化降解污染物、水体中重金属及其他污染物的去除）；高性能二维材料膜及纳米复合膜的制备及其在有机分离领域的应用；新型非聚酰胺膜的制备及其在资源回收再利用领域的应用。

韩琦

　　南方科技大学在读博士研究生，2016年毕业于中国地质大学（武汉），获学士学位，2019年毕业于武汉大学，获硕士学位。主要研究方向：纳米材料的合成表征及其在重金属离子和其他污染物去除方面的应用。

加热就能跑的机器人怎么做

○石润　程春

　　利物浦大学的学者们最新研发的机器人化学家可以一天24h连续工作，8天完成688次实验，并结合人工智能，自主研发出新型的催化剂材料。智能机器人对劳动密集型产业从业者已经产生了极大冲击。虽然如此，科幻电影中描绘的"机器人时代"还远未到来，仅机器人的能源供应就是一个大问题。对于机器人来说，能不能用其他"便宜"的能源作为它们的驱动力呢？科学家把目光转向随处可见的热能。如果能开发出一款以热能作为动力的机器人，那"机器人时代"的能源问题就可以彻底解决了。

　　可是，这能实现吗？

　　众所周知，物体受热会膨胀，物体随温度变化而发生的膨胀量就叫热膨胀系数。这个值越大，表示物体越容易受热膨胀。将两个热膨胀系数不同的金属片整合在一起，当双金属片温度上升时，由于两金属片的受热膨胀程度不同，最终会导致双金属片产生弯曲形变，以实现电路的通断控制（图3-7）。这是一个将热能转化为机械能的可选模型。但一般物质的热膨胀系数非常小（在10^{-6}/K的量级），温度每升高100K，金属片才膨胀0.01%。因此，仅利用双金属片热膨胀系数的差值很难实现大的形变量，热能向机械能的转换效率非常低下。

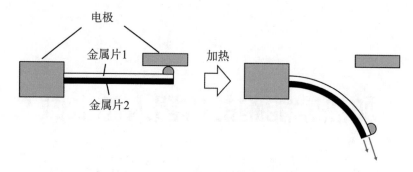

● 图3-7 双金属片继电器的工作原理图

　　除了上述模型，形状记忆合金受热也能变形，而且变形的程度很大。所谓形状记忆合金，就是在低温下对合金施加一定的力使它变形，而在高温下，这部分力会被释放掉，合金就可以变回原来的形状。然而，受成分、加工工艺、形状等因素的共同影响，这一形变过程较为复杂。同时，形状记忆合金的热响应速度一般较低，无法适应高频工作模式。

　　2013年，得克萨斯大学达拉斯分校的学者用钓鱼线（尼龙纤维）做成了网状和螺旋状的人造肌肉，在对其加热至393K时，可产生高达16.4%的形变量，并轻松提起0.63kg的物体。可惜的是，高分子的热收缩是一个缓变的过程，所以高分子热驱动器的发展同样受限于其较慢的热响应速度。可见，找到合适的热驱动材料是真正实现通过热能激发机器人的关键。

　　我们寻找的热驱动材料一定要满足如下条件：响应速度快、形变量大、开启温度低、杨氏模量高。那么，这种材料存在吗？

　　二氧化钒（VO_2）因其热激发金属-绝缘相变特性受到了广泛的关注。值得注意的是，VO_2在341K下发生相变后，其高温相相较于低温相在某个特定方向有1%的收缩应变。2010年，美国加州大学伯克利分校吴军桥教授团队使用了单晶VO_2纳米线与铬制成双晶驱动器，其在多方面展现了比传统器件更优的驱动性能，如高振幅、高响应速度和高功率密度。其工作原理与双金属片类似：当温度降到相变温度点时，

VO$_2$纳米线沿轴向急剧伸长，而金属层遇冷收缩，双晶系统则会产生一个高速弯曲形变，形变量可以与器件本身尺寸相当（图3-8）。

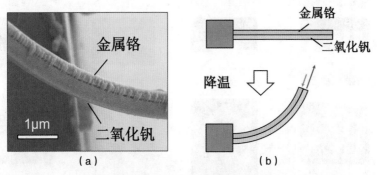

● 图3-8　二氧化钒/铬双晶驱动器的扫描电子显微图及工作机理图

如此看来，VO$_2$是一种十分具有潜力的新型驱动材料，但它现在能被用在机器人中吗？

VO$_2$驱动器目前仍在实验探索阶段，限制其发展的因素主要有两点：第一，双层结构中VO$_2$与金属的界面状态决定了器件的性能，因此在一些极端条件下（如高湿度、腐蚀性），双晶驱动器的工作可能会不稳定；第二，目前使用的VO$_2$多晶薄膜仅能产生0.3%的轴向应变，性能还不够高，而单晶的纳米线又无法用于大尺寸器件的制作，这使得高性能VO$_2$驱动器在大尺寸机器元件中的应用十分困难。

笔者所在的团队针对这些难题，经过了数年的探索与研究，取得了突破性成果，包括：开发出高性能单晶VO$_2$纳米线驱动器，解决了双层结构中的界面问题；利用纳米线的自组装技术，制成了厘米级VO$_2$纳米线顺排薄膜驱动器，实现0.6%的轴向应变，与单晶纳米线十分接近。同时，通过对该薄膜驱动器的设计与简易切割，使其实现多种功能化行为（图3-9），初步满足机器人的功能需要。然而，目前制备出的VO$_2$薄膜内部缺陷较多，材料刚性不足，仍未达到实际应用的要求。

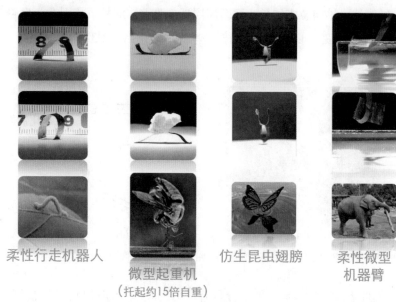

柔性行走机器人　　　　　　　仿生昆虫翅膀　　　柔性微型
　　　　　微型起重机　　　　　　　　　　　　　　机器臂
　　　　（托起约15倍自重）

● 图3-9　超顺排VO₂纳米线薄膜驱动器的功能化应用

　　近年来，热能驱动技术得到了快速的发展，并沿着正确的方向继续前行。我们相信，经过科学家们的共同努力，在不远的将来，高性能的热能驱动技术将改变我们的生活，让未来世界的生活更美好，让我们拭目以待吧！

　　新兴的机器人驱动模式大概可以归类为热驱动、光热驱动、光驱动、磁驱动及湿度驱动，本文讨论的就是利用固体相变的热驱动及光热驱动机器人的一种。不同体系对这些外部刺激的响应机制各有不同，这里就简单举几个例子来展示科学家们的奇思妙想。向日葵以趋光性而得名，其向阳而动的内在机制是阳光照射引起的不对称物理化学作用，科学家们以此开发出各式各样的对光敏感的机器人，如在光照下从各向异性到各向同性状态转化的液晶弹性体。空气中的水分甚至也可以用来作为机器人的能源，20世纪，科学家们就发现了纸张吸湿膨胀的特性，即纤维状聚合物可以吸收水分来有效地改变自身形状，因此，具有不同形态的高吸湿性的聚合物材料可以在湿度的变化下展现出不同水平的驱动能力。

石润

　　南方科技大学和香港科技大学联合培养博士，本科毕业于南方科技大学材料科学与工程系。曾获2014年深圳市"优秀共青团员"、2015年"国家奖学金"、2016年南方科技大学首届"十佳毕业生"等荣誉。迄今共发表论文30篇，其中以第一作者或共同一作身份在*ACS Nano*、*Advanced Functional Materials*、*Applied Physics Reviews*、*Applied Physics Letters*等国际知名期刊上发表论文共11篇。

程春

　　南方科技大学材料科学与工程系长聘副教授，博士。于香港科技大学纳米科学与技术项目获得博士学位（2009年）。2016年获深圳市"青年科技奖"，2019年获国家优秀教师称号。在*Nature Communications*、*Advanced Materials*、*ACS Nano*、*Advanced Functional Materials*等顶级期刊上发表论文100余篇，H指数为30。

如何利用量子力学原理设计新材料

○罗光富

　　想象一个未来场景：科学家在探测木星（太阳系中最大的行星）后发现，木星剧烈的氢气风暴之下，很可能存在具有超导性质的液态金属氢海洋，以及其他新奇的物质结构。因此，科学家决定将一个新型潜艇机器人送往液态金属氢海洋进行实地考察。由于木星表面的风暴速度高达360～620km/h，液态金属氢海洋上方还覆盖了上千千米厚的大气层，并且那里的温度低至−100℃，探测潜艇因此需具备超高强度和耐低温的特性，还要避免由于氢气进入材料内部引起的性能降低。因此，设计出满足上述苛刻要求的潜艇壳体材料，就成为此次木星探测任务成功的一个关键因素。

　　材料科学家在接到相关设计任务后，首先使用超级计算机和先进的材料计算设计软件，系统地研究了上千万种可能的物质结构，从中挑选出具有超高强度、耐低温、耐"氢脆"的候选材料。然后，综合现有的制造工艺、原材料成本、材料重量等指标，进一步筛选出综合性能最优的几十种候选材料。之后，相关理论设计方案被送往实验室进行原型生产与测试，得到的相关结果随后被反馈到材料设计部门进行进一步优化。几个月后，新材料设计完成，并成功应用到木星探测潜艇上。此后，该探测潜艇顺利登陆木星并观测到大量的新奇物质现象。科学家随后再次使用超级计算机和材料计算设计软件，进一步解码了在木星上观测到的物质现象，并预测了许多尚未发现的新现象。

在上述场景中，科学家通过理论计算方法解释并预测了未知的物质现象，并按照实际需求，综合考虑各种限制因素，快速设计出符合特定要求的新材料。计算材料学是一个快速发展的领域，其快速发展离不开两个关键组成部分（图3-10）：一是基于量子力学原理的计算方法；二是可以实现大规模复杂运算的超级计算机。

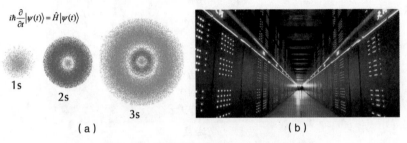

$$ih\frac{\partial}{\partial t}\left|\psi(t)\right\rangle = \hat{H}\left|\psi(t)\right\rangle$$

1s

2s

3s

（a）

（b）

● 图3-10　计算材料学的两个关键组成部分

（a）量子力学原理预测的氢原子核外的电子云分布；（b）超级计算机。

| 从牛顿三定律到量子力学

我们所熟悉的宏观物体在大多数情况下都可以利用17世纪创立的牛顿三定律进行相当准确的描述，比如汽车、飞机、卫星、火箭、行星的运动，以及房屋、桥梁的设计和建造等（图3-11）。20世纪初，科学家从大量新实验中逐渐认识到：牛顿力学是对宏观物体在低速运动时的现象总结，它无法准确描述电子、原子、分子等微观物体的"奇怪"行为。例如，单个电子的运动表现得既像粒子又像波。由于我们所接触的周遭环境在微观上都是由电子、原子核组成（电磁波除外）的，因此我们无法利用牛顿力学来预测材料的宏观性质，比如材料的硬度、传热性能、光学性质、磁性、导电性能等，而只能从实验中获得。

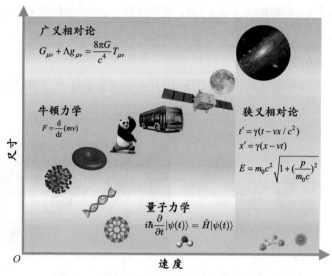

广义相对论

$$G_{\mu\nu} + \Lambda g_{\mu\nu} = \frac{8\pi G}{c^4} T_{\mu\nu}$$

牛顿力学

$$F = \frac{d}{dt}(mv)$$

狭义相对论

$$t' = \gamma(t - vx/c^2)$$
$$x' = \gamma(x - vt)$$

$$E = m_0 c^2 \sqrt{1 + (\frac{p}{m_0 c})^2}$$

量子力学

$$i\hbar \frac{\partial}{\partial t}|\psi(t)\rangle = \hat{H}|\psi(t)\rangle$$

尺寸

O   速度

● 图3-11　牛顿力学及其他重要理论的适用场景

在普朗克（Planck）、玻尔（Bohr）、海森堡（Heisenberg）、薛定谔（Schrödinger）、狄拉克（Dirac）、爱因斯坦（Einstein）等众多著名科学家的努力下，我们现在已经知道微观世界遵循与牛顿力学迥然不同的量子力学原理。量子力学中一个与牛顿三定律地位相当的数学形式就是薛定谔方程。原则上，我们可以从原子序数、原子的质量、电子质量、实验室温度等最基本的信息出发，利用薛定谔方程解释和预测各种材料性质，并通过选择合适的原子配比，设计出天赋异禀的新奇材料，如硬度特别强的钢、没有电阻的超导材料、透光性或吸光性极好的光学材料、导电性很好但导热性差的热电材料、可以导离子却不能导电子的电池隔膜材料等。上述基于量子力学原理的计算方法通常被称为第一性原理计算（first-principles computations）或从头算方法（ab initio method），而基于牛顿三定律的方法通常被称为经典力学方法。

| 超级计算机让第一性原理计算起飞

对于包含大量电子、原子的材料而言，第一性原理计算所涉及的计算量非常庞大。因此，在薛定谔方程发现后的相当长时间内，科学家只能用其处理极个别的原子和小分子。20世纪中期发明的晶体管及利用光刻方法生产的集成电路使得计算机的计算速度突飞猛进（图3-12）。光刻方法可以批量制得包含上百亿个晶体管的集成电路，并相当便利地缩小电路的尺寸（电路尺寸的缩小意味着各种信号传输时间的减少，进而反映出CPU速度的提高）。如今，我们已经可以将几十万甚至上百万个CPU整合在一起，让它们协同工作，从而组建出超级计算机。目前世界"Top500"超级计算机排名中，我国的神威·太湖之光（建造费用约18亿元）、美国的Summit和Sierra（两者建造费用共约20亿元）及日本的Fugaku（建造费用约70亿元）的计算能力已达到每秒处理10^{17}量级的浮点运算。未来几年内，我国还将组建每秒处理10^{18}量级浮点运算的新一代超级计算机。借助超级计算机强大的计算能力，目前第一性原理计算的研究范围已经涵盖了几乎所有的材料领域（包括超级计算机本身所依赖的各种半导体材料），并可以纳入越来越多的复杂实验条件，从而模拟更加逼真的实验过程，并挖掘出各种实验现象背后深刻的物理、化学原理。

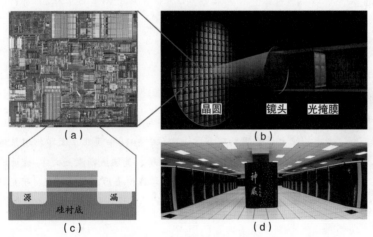

● 图3-12　晶体管和集成电路使计算机的计算速度突飞猛进

（a）集成电路；（b）光刻技术；（c）晶体管；（d）超级计算机。

┃ 计算材料学的发展前沿

基于第一性原理计算的计算材料学目前有两个主要发展趋势。一是不断提高计算模拟的准确性和复杂度。虽然薛定谔方程是严格的，但目前广泛采用的计算方法仍然包含一些重要近似。这些近似在部分材料中的适用性不够强，比如包含过渡金属元素的高温超导体目前尚不能很好地被模拟。可以预见的是，减少这些近似后，计算材料学的准确性和应用范围将进一步提高和扩大。二是进行成千上万的大规模计算（通常称为高通量计算，high-throughput calculations），系统地获得各种已经合成和尚未合成材料的各类信息，并进一步结合机器学习方法，快速地筛选、预测出符合特定要求的先进材料。

目前的一些科技难题，例如：如何让电池充得更快、用得更久、用料更便宜、重量更轻？如何大幅提高太阳能电池的效率而保持价格不变？如何方便地获得接近室温的超导体？如何设计像金刚石一样硬，价格却更便宜的材料？预计在不远的将来都会通过计算材料学家和实验科学家的紧密合作得以解决，就像我们最开始设想的未来场景一样。

✎ 作者介绍

罗光富

南方科技大学材料科学与工程系助理教授。2005年获天津大学应用物理系学士学位；2010年获北京大学物理系博士学位。先后在日本分子研究所、美国威斯康星大学–麦迪逊分校、美国圣路易斯华盛顿大学任博士后、研究助理、研究科学家。研究方向包括功能材料的计算设计和新计算方法的开发。

人类如何看到原子
在微观世界的排列

○陈洪

 人们肉眼所见的世界之所以是五彩斑斓的，是因为太阳光照射到物体表面后，会发生反射、折射、吸收、散射等现象，光携带着物体的颜色、亮度、衬度等信息，最终投影到人眼中的视网膜上。这些信号经过神经传入大脑，大脑对这些信号进行分析，从而在脑海中形成对相应的宏观世界影像及各种场景的认识。在这个过程中，人脑可以记录大量信息，包括物体的三维空间位置、光所携带的物质信息、时间维度的四维信息等。然而，人眼的点分辨率大约只有0.2mm，无法直接了解更小的微观世界，这限制了人类对微观世界的认知。

 1000多年前，人们发现利用透明的水晶或其他透明的宝石磨成的透镜能放大影像，自此人类开启了窥探微观世界的新纪元。13世纪，英国一位主教格罗斯泰斯特提出了放大镜的概念。随后，基于不同透镜和焦距的光学显微镜被开发出来，人们开始利用光学显微镜观测微观世界的不同目标，发现了很多微观物体，如细菌、藻类等。

 然而，无论如何优化光学显微镜，人们始终无法观测到原子，这是因为光学显微镜利用光波进行观测，其分辨率极限为几百纳米。这样的点分辨率不足以观测到微观世界的原子排列，因为原子的尺寸及原子与原子之间的距离比这个分辨率小得多。

那么，如何才能看到原子呢？

人们很自然地想到了改变光源的波长。当所借助的光源的波长缩短到小于原子与原子之间的距离时，我们就有机会借助这种光源的显微镜去看清原子。

在宇宙中，除了人眼敏感的可见光外，还存在如图3-13所示的各种不同波长的光，如波长很长的无线电波、波长在微米量级的微波、波长在毫米量级的毫米波等。幸运的是，宇宙中存在很多波长特别短的光，如波长小于可见光的紫外光、X射线，以及由因波粒二象性而具有波动性的其他微观粒子组成的光波（如α射线、β射线、电子束等）。其中，X射线又称X光，其波长通常可以跨越零点几埃米到几埃米的尺度范围；高压电子束波长随电压的不同可以缩短到0.01Å（10^{-12}m），甚至缩短到更短的波长范围。

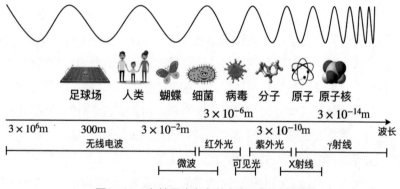

● 图3-13 自然界中存在的各种不同波长的光

考虑到高压电子束的波长远远小于观测原子与原子之间距离所需的1Å（10^{-10}m）左右的波长，如果能够将其作为光源，制作成电子显微镜，就能满足观察原子排列的需求。1931年，第一台用高压电子束作为光源的透射电镜由马克思·克诺尔（Max Knoll）和恩斯特·鲁斯卡（Ernst Ruska）研制成功，并在1939年实现商用化。随后，经过对透射电镜不同部件与参数的不断优化，并借助各种探测器的发展，科学家们发明了高分辨球差矫正透射电子显微镜。借助如图3-14所示的高分辨球差矫正透射电子显微镜，人们能够直接观测不同复杂程度、不同敏感程度的物质的原子在二维平面内的投影排列。

● 图3-14　球差矫正透射电子显微镜及用其拍摄到的原子排列照片

不过，对于样品中原子排列的认识仅仅停留在二维空间还远远不够，还需要在三维空间上实现突破，只有这样才能清楚地区分那些元素组成相同但原子排列方式完全不同，从而导致物质性质千差万别的材料。如图3-15所示的碳材料，只有深入了解碳原子在三维空间的排布，我们才能区分这是无序的活性炭，还是晶态的碳纳米管、富勒烯、金刚石、石墨或者石墨烯等。

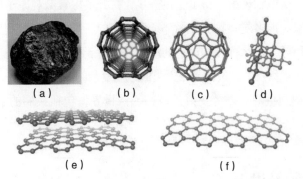

● 图3-15　典型碳材料可能形成的不同类型的晶体结构

（a）碳材料；（b）碳纳米管；（c）富勒烯；（d）金刚石；（e）石墨；（f）石墨烯。

如何才能看到物质中的原子在三维空间的排布信息呢？

自然界的很多物质存在高度的有序性和对称性，其内部原子通过化学键相互作用，往往能够在三维空间进行有序排列，形成有序程度很高的晶态物质,我们称这类物质为晶体。

解析原子在三维空间排布的晶体结构其实不难,只需要获得光照条件下物质在三维空间投影的相位信息和强度信息,再通过简单的傅立叶变换,就能够得到晶态物质的平均电子云密度分布图,最终根据该晶态物质的元素组成推测出不同元素在电子云密度分布图中的归属,进而得到其晶体结构。在这一过程中我们主要借助短波长的光,如X射线、高压电子束等。

然而,当晶态物质暴露在X射线或者高压电子束之下时,人类设计的物理探测器往往很容易接收到不同角度的衍射(diffraction,波遇到障碍物时偏离原来直线传播轨迹的物理现象)波束的强度信息,却不容易获得所需的相位角。为了克服这个缺点,数学家发明了很多数学计算方法,包括直接法、帕特森法、差值电荷翻转法等,最终获得正确的相位信息,再结合样品的化学组成,精准解析出晶态物质的原子在三维空间的平均排布结构。

伟大的物理学家费曼曾经说过:"底层大有可为(There's plenty of room at the bottom)。"在20世纪,人类对物质中微观原子的排列及其性质之间关系的认识和理解取得了长足进步,打开了探索微观原子尺度世界的大门,但对很多复杂物质的局部杂质原子的三维排列,以及界面原子的三维排列等,仍然存在认识上的局限,有待于科学家们进一步开发新的理论、仪器和技术,进而带领人类向这些复杂的领域进军。

认识了微观世界,才能更好地理解宏观世界,包括我们的宇宙!

✎ 作者介绍

陈洪

南方科技大学环境科学与工程学院副教授,广东省杰出青年基金获得者,国家特聘专家入选者。长期从事固废资源化利用、环境结构材料开发及其在重金属污染水土修复中的应用研究。

"海豹儿"的产生和手性药物有什么关系

○朱帅　蒋鹏英　谭斌

　　1960年，欧洲地区的新生儿畸形比例异常升高。这些畸形婴儿没有手臂和腿，手脚直接长在躯干上，如同海豹一样，因此被称作"海豹肢畸形"（或"海豹儿"）。大约1年之后，澳大利亚产科医生威廉·麦克布里德（William McBride）认为沙利度胺（Thalidomide）是致使婴儿畸形的元凶。这个观点被发表在著名杂志《柳叶刀》上，引发了广泛关注。此时，在欧洲和加拿大发现的"海豹儿"已经超过了8 000名。

　　随后的病理学实验证实了威廉的观点，沙利度胺确实对灵长类动物胎儿有很强的致畸性。从1961年11月起，世界各国陆续强制禁用沙利度胺，但是已无法挽回沙利度胺对人类造成的巨大伤害，受该药物毒害的婴儿多达1.2万名。

　　那么沙利度胺为什么会导致"海豹儿"的产生呢？这就要从药物分子在体内的识别过程说起。药物在人体内的作用，我们通过一个简单的"锁钥模型"来解释。该模型是埃米尔·费歇尔（Hermann Emil Fischer）于1890年提出的。简单来说，就是酶和底物在它们相互结合部位上的结构应当严格匹配、高度互补，其中的道理就和一把锁与其钥匙在结构上匹配才能开锁类似。药物分子通常需要与生物分子（例

如受体和酶）相互作用才能发生相应的药理作用。人体内的生物分子往往具有特定的空间结构，这也就意味着要作用于某一特定空间结构的药物分子也需要具有与该结构相匹配的空间结构（图3-16）。

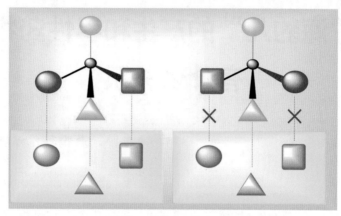

● 图3-16　药物分子识别模型

　　从沙利度胺的化学结构不难看出，它是典型的手性药物，有两种手性构型（R构型和S构型，见图3-17），而作为产品销售的却是两种构型的混合物。这两种对映异构体虽然都是沙利度胺，却有着截然不同的作用。研究发现，R构型的沙利度胺具有抑制妊娠反应的活性，而S构型的沙利度胺则有致畸性。此外，R构型和S构型在体内会消旋化，也就是即便服用的是纯R构型沙利度胺，其也会在体内转化成具有致畸性的S构型沙利度胺。

（R）-沙利度胺安全　　　　　　　　　　　　（S）-沙利度胺致畸

● 图3-17　沙利度胺的两种对映异构体

"手性药物（chiral drug），是指在药物分子结构中引入手性中心后，得到的一对互为镜像而不能重叠的'对映异构体'"，这是手性药物的科学解释。

怎么理解药物分子的手性呢？举个简单的例子，我们的左手和右手看似一样，但它们却无法在三维空间中通过旋转、翻转等操作来实现完全重合，也就是说相似的左右手不是一样的手，两者只能成实物和镜像关系。这一独特的镜像现象在化学分子中也广泛存在。元素组成相同、基团相同的两个分子因为基团在空间上的排列顺序不同，形成了像左右手一样不能完全重合的镜像关系，这就是所谓的化学中的手性（图3-18）。形成手性的两个分子因为基团在空间上的排列顺序差异，导致了它们在物理性质、生理活性和药理活性上可能有显著的差别。

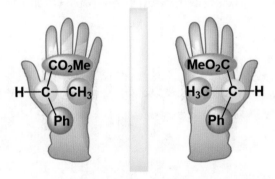

● 图3-18　镜像对称

早在19世纪，科学家就发现了分子手性。法国化学家路易斯·巴斯德（Louis Pasteur）发现酒石酸钠铵晶体与其水溶液有着不同的旋光现象，从而提出了对映异构体的概念。直到20世纪60年代，人们才对手性药物分子对映异构体的理化性质差别有了深刻的认识。1953年，瑞士诺华制药的前身——CIBA药厂在研究抗生素时，首先合成了沙利度胺。虽然药理试验显示沙利度胺没有任何抑菌活性，但是联邦德国药厂ChemieGrnenthal发现该化合物可以显著抑制孕妇的妊娠反

应，于是便开始将此药广泛地推向市场。1957年10月，沙利度胺正式被投放到欧洲市场，很快便风靡全球。不幸的是，悲剧也随之而来。

正是因为当时人们对药物分子的手性问题研究不足，在药物上市的时候缺少对单一构型手性药物分子的理化研究，才导致了这一悲剧事件的发生。在此之后，人们意识到对映异构体分子所存在的差异性，促进了相关机构对对映异构体药物的深入研究，也促使了一大批化学家着力于研究单一手性药物分子的合成。在此后的药物研究中也发现了很多对映异构体药理性质差异的分子（图3-19），例如：S构型的多巴（DOPA）是治疗帕金森综合征的首选药物，而其另一种构型却会造成粒状白细胞减少并会造成败血症一类的严重疾病；S构型普萘洛尔（Propranolol）可用于治疗心脏病，而R构型则可用于男性避孕；S构型布洛芬（Ibuprofen）作为非甾体消炎镇痛药，它的R构型药效仅有S构型的1/28，服用R构型布洛芬仅仅只增加了体内代谢负担而已。

-多巴 (S)-普萘洛尔 (S)-布洛芬 (R)-多巴 (R)-普萘洛尔 (R)-布洛芬

● 图3-19　对映异构体具有不同药理活性的手性药物

现在，越来越多的药物是单一构型的手性分子药物。美国1980年出版的*Pharmacopeial Dictionary of Drug Names*一书中统计了486种手性药物，其中仅有88种为单一异构体药物。而2005年的统计数据显示，化学合成新药中高达60%为单一异构体药物。

手性化学研究是当今化学界的前沿热点，沙利度胺引起的药害事件使得人们更加重视手性化学的研究，2001年诺贝尔化学奖颁发给威廉·诺尔斯（William Knowles）、巴瑞·夏普莱斯（Barry Sharpless）和野依良治（Ryoji Noyori），以表彰他们在手性催化化学反应方面做出的探索与贡献。随着化学家们对手性物质的不断深入探索，我们对手性的认知也愈加明确，将来一定能使手性化合物造福于人类，而不是使"海豹儿"的悲剧重演。

作者介绍

朱帅

南方科技大学化学系在读博士研究生，本科毕业于哈尔滨工业大学，主要研究方向为催化不对称合成。

蒋鹏英

南方科技大学化学系在读博士研究生。2018年本科毕业于四川大学华西药学院，获得理学学士学位。研究方向为不对称轴手性化学。

谭斌

南方科技大学教授，化学系副主任，广东省化学会青委会主任。2010年博士毕业于南洋理工大学，曾获得国家杰出青年科学基金资助，入选万人计划领军人才。研究方向为手性药物导向的不对称催化。

蛋白质如何"抓取"药物分子

○何珊　蒋伟

人生在世难免遭受病痛。医生开药让患者服用，以达到治疗的目的。那么，药物分子在体内是如何发挥药效的呢？

药物分子通过口服、注射等方式进入人体内，在人体内被吸收、代谢。以口服为例，药物被吞服后先进入消化系统，表面的糖衣、薄膜衣或胶囊壳等在消化液的作用下被消解，内部的药物分子被释放，通过吸收进入血液系统，在身体内进行循环流通，到达细菌或病灶细胞后，经跨膜转运进入病灶细胞，开始产生药效。

药物分子通过何种方式与蛋白质分子结合呢？

药物分子并不智能，不可能有意识地去结合需要治疗的区域。但是，在分子尺度，有两种重要的形式可以让药物分子有效地和特定的蛋白质靶点相结合：氢键作用（hydrogen bond）和疏水效应（hydrophobic effect）。科学的说法，这叫作分子识别。

氢键作用是分子间一种非常弱的相互作用，最常见的是水分子间的氢键作用。对于单个水分子，氢和氧通过结实的共价键连接，形成一个稳固的水分子。在两个水分子之间，一个水分子的O原子还会吸引另外一个水分子的H原子，从而形成较弱的氢键作用，两个水分子之间若即若离，具有了流动性。

疏水效应在自然界中非常重要和普遍，例如油水分离和小液滴不能浸润荷叶（图3-20）等，这些都是疏水效应的表现。由于水分子之间的氢键作用，水中的疏水分子/基团之间更易聚集。疏水的侧链更倾向于聚集在蛋白质的内部，并在其中形成氢键；而亲水或带电荷的侧链则位于蛋白质的表面，使得蛋白质在水中能够溶解分散。结构稳定的蛋白质具有较稳定的构象和键合位点，从而发挥特定的生物功能。

● 图3-20　荷叶表面的疏水效应

细胞膜表面以及细胞内有很多蛋白质分子。蛋白质功能的正常运转奠定了生命功能的基础。疾病产生的原因之一可能是蛋白质的功能没法儿正常运转。此外，通过抑制细菌和病毒中部分蛋白质的功能，可以达到杀死细菌和病毒的目的，从而治疗疾病。

蛋白质与药物分子之间的特异性键合，就是分子识别的过程。形象地说，这就像两块乐高积木，只有它们的凹凸扣相匹配，才能结合在一起，否则不牢靠。

其中，具有药物靶点的蛋白质叫作受体，药物分子叫作配体。药物分子通过上述氢键作用和疏水效应等，键合到蛋白质上的药物靶点位置。蛋白质在键合药物分子之后，结构发生变化，影响其正常功能的发挥，以达到杀死细菌或病毒的目的。

科学家提出了两种模型——诱导契合模型（induced-fit）和构象选择模型（conformational selection）（图3-21）来描述药物分子键合蛋白质而引起的结构变化[16]。前者认为药物分子先与蛋白质键合，诱导其发生结构变化。而后者则认为，在没有键合药物分子之前，蛋白质就存

在多种结构，给药物分子提供了多种选择，药物分子只需选择其中最适合的结构即可。两种模型都能一定程度地解释蛋白质与药物分子键合的结构变化。更加深入地理解这一机制，对药物设计非常有帮助。

● 图3-21 蛋白质与药物分子键合的两种模型

那么，蛋白质与药物分子之间究竟是如何键合的呢？

接下来，我们以头孢吡肟与青霉素结合蛋白（penicillin binding protein）之间的分子识别（图3-22）为例子来详细介绍。细菌细胞里含有青霉素结合蛋白，头孢吡肟通过抑制青霉素结合蛋白的活性，阻碍细菌细胞壁的合成、代谢及细菌细胞分裂，从而发挥抗菌作用。

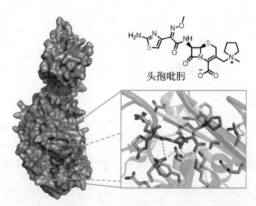

● 图3-22 头孢吡肟与青霉素结合蛋白的键合模式

头孢吡肟为第四代头孢菌素，是一种常见的抗生素，能够杀灭细菌。青霉素结合蛋白能够键合头孢吡肟，从而改变蛋白质的结构，抑制其活性。如图3-22[17]所示,相对疏水的头孢吡肟键合在青霉素结合蛋白的疏水空腔内,并与相近的氨基酸之间形成了多重氢键。因此,在疏水效应、氢键以及其他非共价键的作用下,青霉素结合蛋白牢牢地"抓住"头孢吡肟,从而改变其蛋白质的功能而发挥药效。

相对于共价键来说,蛋白质与药物分子之间的非共价键仍然较弱,容易受浓度、温度等因素的影响,且这些药物分子在不同pH值下,会发生结构上的变化或转化,导致与蛋白质之间的键合强度也发生变化。所以不同的药物有不同的给药方式,有些是可以口服的,而对胃酸敏感的药物则只能通过注射进入人体。同时也需要注意所服的药物分子是否会与胃部的蛋白质结合,造成刺激性。药物说明书上都会标明服用剂量,这是为了避免血液中的药物浓度过高,在体内循环的时候键合正常细胞内的蛋白质,引发强烈的副作用。此外,部分药物在正常剂量下,也不排除会有头晕、乏力、恶心等副作用,这主要是因为该药物分子与正常细胞内的蛋白质键合,影响了正常细胞的功能。

✎ 作者介绍

何珊

　　香港大学–南方科技大学化学系联合培养博士生,现为蒋伟教授课题组与欧阳灏宇教授课题组成员,从事超分子化学的研究,研究课题专注于萘基分子笼的分子识别及手性传感。本科期间曾多次获得优秀学生奖学金,并被评为化学系优秀毕业生。

蒋伟

　　南方科技大学化学系教授。博士毕业于柏林自由大学。研究方向主要集中于仿生分子识别及其在环境科学、生物医药、分析科学、智能材料等领域的应用。曾入选或获得国家自然科学基金委优秀青年科学基金、深圳市"鹏城学者"计划特聘教授、广东省特支计划"科技创新领军人才"、中国化学会高级会员。

化学反应中的多米诺骨牌效应是什么

○程玉宇　李鹏飞

　　日常生活中，人们把生活、商业等很多领域中有着连锁反应的现象称为多米诺骨牌效应，即在一个相互联系着的事情中，一个很小的初始能量就可能产生一系列的连锁反应。

　　化学领域里的多米诺骨牌效应是怎样的呢？那就是一种高效的反应类型——串联反应。在串联反应中，反应条件不变，反应第一步所生成的活泼中间体会连续触发第二步、第三步反应，直到反应结束。串联反应能够简洁高效地合成复杂的分子，而无须考虑反应过程中的细节，从而简化了化学反应的步骤，缩短了反应时间，提高了反应效率，减少了操作工作量，还节省了反应原料。因此，串联反应是一种既经济又高效的化学反应。

　　通常合成复杂的分子需要分多步完成，且涉及烦琐的分离、提纯工序，从经济和环保角度考虑，很有必要减少反应步骤，最大化地避免中间体的分离和提纯，而串联反应能很好地解决这些问题。因此，设计、开发高效且经济的串联反应，为复杂的化合物的合成提供了一条新途径，医学家们将目光锁定在如何加快新药物研制方面。

　　随着不对称有机催化技术的发展，串联反应在不对称有机催化领域的优势凸显。很多课题组在不对称有机催化串联反应方面开展了大量的工作，并取得了一系列研究成果。下面将具体介绍两种具有多米诺骨牌效应的串联反应。

1. 迈克尔加成—迈克尔加成—迈克尔加成—羟醛缩合串联反应

迈克尔加成反应（Michael addition reaction）于1887年由A. 迈克尔首先发现，是有机合成中增长碳链的常用方法之一。

由于当前社会对绿色化学和可持续发展的重视，有机合成的经济性和有效性越来越受到人们的关注，对环境友好的有机小分子催化多米诺反应或级联反应将满足这方面的大多数标准。其中，羰基化合物的胺催化剂作用为不对称多米诺序列的设计提供了一种很有吸引力的策略，由此产生了多种多样的多官能团产物（主要是通过氧化反应、还原反应、水解反应所获得的产物），为新的药物研发奠定了良好的基础。

四川大学华西药学院陈应春教授研究小组就采用不对称有机催化三组分的串联环化反应。如图3-23所示，在手性仲胺和苯甲酸的协同催化下，1"氧化吲哚衍生物"与2"α,β-不饱和醛"首先发生迈克尔加成反应得到中间体4，中间体4分子内继续发生迈克尔加成反应得到中间体5，中间体5与3"α,β-不饱和醛"进一步发生迈克尔加成反应得到中间体6，最后中间体6分子内发生羟醛缩合反应（aldol condensation reaction）得到最终产物7。借助该串联反应，高效、高选择性地合成了目标产物——一系列含有六个连续手性中心的多环化

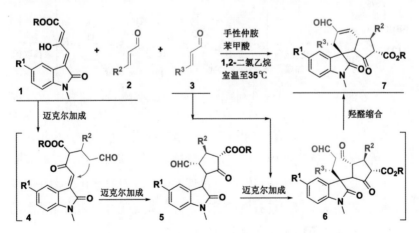

● 图3-23　迈克尔加成—迈克尔加成—迈克尔加成—羟醛缩合串联反应

合物。这类吲哚类衍生物为医学科学家们寻找新型、高效、低毒的吲哚抗菌药物提供了有价值的参考信息。

2. 迈克尔加成—亲核取代串联反应

手性呋喃环作为重要的药物结构单元，广泛存在于天然产物中，它因固有的生物活性持续吸引着有机合成界的关注。近年来的研究显示，多取代的手性呋喃化合物在抗病毒、抗肿瘤、抗菌杀虫等方面都具有良好的效果，因此开发高效合成这些手性化合物的策略意义重大。

南方科技大学李鹏飞教授课题组报道了利用手性膦催化的森田-贝里斯-希尔曼（Morita-Baylis-Hillman）碳酸酯与α,β-不饱和羰基化合物之间的串联环化反应构建手性2,3-二氢呋喃骨架（图3-24）。手性膦催化剂首先与8 "森田-贝里斯-希尔曼碳酸酯"发生加成反应，得到中间体偶极子10，偶极子10与9 "α,β-不饱和羰基化合物"发生迈克尔加成反应得到中间体11，中间体11分子内再发生亲核取代反应（nucleophilic substitution reaction），得到最终串联环化产物12。

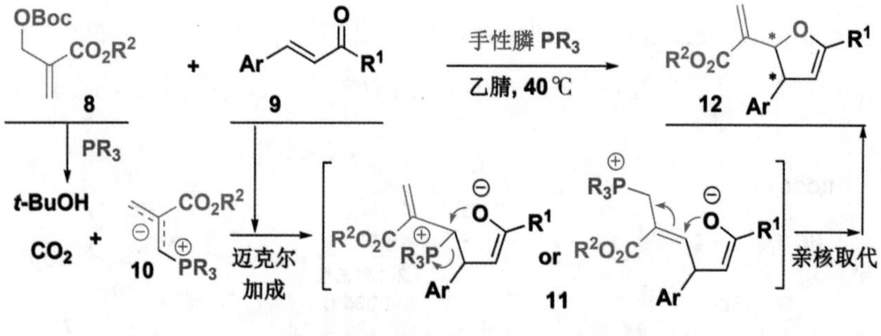

● 图3-24　手性膦催化剂催化的三步多米诺骨牌串联环化反应

与已报道的不对称合成手性2,3-二氢呋喃类化合物的方法相比，该方法的优势是适用范围广、反应条件温和、无须添加物、反应时间短、产物收率高、立体选择性好。该课题组还在对此类化合物开展深入研究，以期从中得到具有更优药理活性的先导化合物和活性基团的化合物，为此类药物的开发做出努力。

✎ 作者介绍

程玉宇

2013年7月于西南民族大学获得有机化学硕士学位。2013年7月—2015年7月于成都先导药物开发有限公司工作。2015年10月起在南方科技大学李鹏飞教授课题组担任科研教学助理，进行不对称有机催化反应的研究。

李鹏飞

南方科技大学化学系副教授，博士，深圳市"后备级"人才。2009年于中国科学院大连化学物理研究所获有机化学博士学位，师从梁鑫淼研究员。2009—2011年先后在香港理工大学、香港浸会大学从事博士后研究工作。2012年起，在南方科技大学化学系组建有机仿生催化课题组，致力于不对称催化领域、化学生物学的多个方向的研究。至今在期刊上发表论文50余篇，曾主持国家自然科学基金委、深圳市科技创新委员会等的多个项目。

分子视角下的磁行为有何不同

○邓义飞　　张元竹

谈到磁性，很多人都不陌生。其实我们生活的地球就是一个巨大的磁体，地磁的南北极和地理的南北极正好相反，大约成10°的倾斜角。我国古代四大发明之一的指南针，也称司南，正是利用了磁针在地磁场作用下能保持指向磁子午线切线方向的原理，被广泛应用于测量、导航等。在地磁场的作用下，宇宙中的高能带电粒子流在射向地球的时候会发生偏转而不是直射，从而为地球上的生物提供了屏障。那什么是磁性？磁性的来源又是什么呢？

现代科学认为，磁性是物质的本质属性，即任何物质都具有磁性，可以是顺磁性，也可以是抗磁性。而顺磁性又可以进一步分成铁磁性和反铁磁性。

我们知道，物质是由原子组成的，而原子包含原子核和核外电子。原子与原子核的大小比例等同于足球场与蚂蚁的大小比例，而电子是没有体积的。每一个原子都如同一个绝大部分区域空虚的星系：把原子核看作太阳，核外电子就是围绕太阳运转的行星。和地球相似，电子一方面会自转，另一方面会绕着原子核公转（图3-25）。原子的磁性是各种组成物质的磁性来源，包括电子自旋产生的自旋磁矩，电子绕原子核作轨道运动时产生的轨道磁矩和原子核的磁矩（原子核的磁矩远小于电子的磁矩，一般可不考虑）。按照量子力学规律（泡利不相容原理及洪德规则），将原子中各个电子的自旋磁矩和轨道磁矩加起来的合磁矩就是原子的总磁矩。

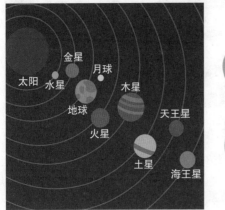

● 图3-25　太阳系和原子轨道示意图

泡利不相容原理认为每一个轨道上最多能有两个电子，并且它们是反向运动的。同一电子亚层上，各个轨道能量相等，这叫等价轨道。而原子中电子在等价轨道上排布时尽可能分占不同轨道，且自旋方向相同，使整个原子能量最低，这种排列规则称为洪德规则。这就导致任何成对出现的电子对磁性是没有贡献的，而那些具有单个电子占有轨道的原子才会表现出顺磁性。

不同的原子组成和排列方式赋予物质各种不同的磁性特征，并因此衍生出多种磁性材料，应用于各个领域（图3-26）。如：我们生活在电气化时代，手机、平板计算机等使用的电能的产生正是利用了著名的电磁感应原理；磁悬浮列车技术利用列车与轨道之间的磁作用力实现了悬浮，减少了摩擦力，提高了列车的时速和运行效率；常用的计算机硬盘，也利用"巨磁阻"（giant magnetoresistance，GMR）效应提高了存储密度，实现了器件的微型化；电磁弹射是一种利用电磁推力使物体加速的直线推进技术，适宜于短行程发射大载荷，是航空母舰上舰载机弹射装置的理想选择；现代医学中，用于人体内部结构成像的磁共振成像（magnetic resonance imaging，MRI）技术利用了核磁共振的原理，有效提高了各类临床诊断的准确性。

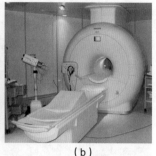

（a）   （b）

● 图3-26　磁性材料的应用

（a）磁悬浮列车；（b）磁共振成像仪。

　　由此可以看出，虽然磁性来源于微观电子的自旋和轨道磁矩，但是我们所看见的都是磁性材料表现出来的宏观磁行为。现在让我们回到最初的话题：分子视角下的磁行为。我们以磁性存储为例进行说明。硬盘的实际存储材料是盘片上的若干磁性纳米颗粒，因此提高存储密度的直接办法就是减小磁性纳米颗粒的尺寸。但随着磁性纳米颗粒的尺寸逐渐减小，微观尺度上的统计涨落效应和量子效应等将限制尺寸上的物理极限，同时这种不断发展的集成和微型化也将受到成本和加工工艺的限制，如何进一步提高存储密度成为一个难题（图3-27）。

　　近年来，由于电子器件、电子线路、信息存储介质等材料科学迅速发展的需要，分子组装磁性材料（分子基磁体）的研究成为当代科学研究中最具挑战性的前沿领域之一。分子基磁体（molecule-based magnets），尤其是单分子磁体（single-molecule magnets，SMMs）的研究在超高密度存储方面表现出巨大的潜力，成为物理、化学和材料界的研究热点。我们所讲的磁体一般是指在三维尺度上具有强磁关联并表现出磁有序行为的一类物质，而单分子磁体，顾名思义，就是单个分子即表现出宏观磁体特性的一类分子。相对于传统的纳米磁性材料，单分子磁体具有尺寸更小且完全均一的特性，同时兼具更大的磁能，因此成为下一代高密度信息存储的潜在材料。

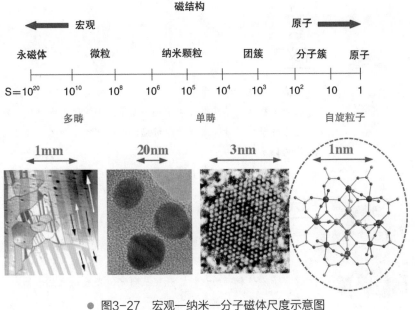

● 图3-27　宏观—纳米—分子磁体尺度示意图

　　1993年，意大利科学家但丁·加泰斯基（Dante Gatteschi）和罗伯塔·塞索利（Roberta Sessoli）在对醋酸十二核锰（{Mn$_{12}$Ac}）的研究中发现该分子簇表现出类似于宏观磁体的磁行为，于是将其命名为单分子磁体。2003年，日本的石川直人（Naoto Ishikawa）教授课题组设计合成出第一例仅含有一个金属离子的单分子磁体 [Pc$_2$Ln]$^-$（Ln = Tb，Dy）。2011年，北京大学高松院士开辟了金属有机策略合成此类分子的新方向，极大地推动了该领域的飞速发展。目前单分子磁体已经可以应用于液氮温度（77K）以上，将这类材料走向实际应用推进了一大步。

　　磁性来源于原子，而原子先组装成分子，进而组成宏观的块体材料，并应用于各个领域。研究分子这种微观尺度下的磁性具有一定的挑战性，但是基于"自下而上"的合成策略构筑的分子磁性材料，具有化学选择性广泛、结构稳定及易于通过分子工程从功能源头上对其进行修饰等优点，目前成为前沿研究热点。

作者介绍

邓义飞

　　南方科技大学化学系研究助理教授，分别于2013年和2018年在西安交通大学获得理学学士和工学博士学位，主要从事磁双稳态分子的设计合成和性能研究，以第一作者和通讯作者发表论文13篇。

张元竹

　　南方科技大学化学系副教授，获北京大学理学学士和博士学位。先后留学日本和美国。国家特聘青年专家。主要从事多功能分子磁性材料的设计、开发及研究，发表论文50余篇，H指数为24。

芳香性化合物都是香的吗

○华煜晖　夏海平

芳香性是许多物质都具有的一种物理化学性质，也是一个十分重要的化学概念。但是，世界上许多所谓的"芳香化合物"却并没有任何芳香气味，反而还很臭，这究竟是为什么呢？

其实，"芳香性"这个名词与它所想要表现的性质几乎没有任何的关系。

在19世纪以前，人们把从植物中提取的具有香气的物质称为芳香物质（aroma），并衍生出"芳香的"（aromatic）一词来形容令人愉悦的香气，这类物质通常被用于制作香油、香精。而让这个词"变味"的故事，还要从著名的英国化学家、物理学家迈克尔·法拉第（Michael Faraday）说起。

1825年，法拉第发现了一种现在被称为苯（benzene）的化合物。在苯被发现之初，许多含苯环的化合物都是香精、香油中具有香气的化合物，且它们都含有和苯一样非常高的碳氢比。于是人们便自然地认为，这种具有芳香气味的化合物的香味是来自苯环这种结构，便将这类化合物称为芳香族化合物。

1834年，德国化学家艾尔哈特·米希尔里希（Eilhardt Mitscherlich）也通过蒸馏得到了和法拉第发现的一样的物质，由于苯环本身带有些许香气，于是他便用著名的"安息香"（benzoin）来对它进行命名，也就是我们现在所熟知的苯了。

随着科学的发展，1865年，弗雷德里希·凯库勒（Friedrich Kekulé）提出了苯环的化学式C_6H_6，并给出了他猜想的环状结构（图3-28），正式开启了苯等芳香族化合物的化学研究之旅，越来越多含苯环的化合物被发现与分离。至此，芳香族化合物诞生了，但令化学家们感到疑惑的却是苯环的另一个性质——稳定性。

● 图3-28　民主德国发行的纪念邮票印有凯库勒和他提出的苯环结构

苯环的稳定性超乎寻常。按照化学家们的常识，一个碳氢比特别高的化合物，它应该非常活泼，特别容易与其他物质发生反应，或者至少在空气环境下会变质。而苯却出奇地稳定，在很剧烈的条件下才能发生一些简单的反应，甚至需要很高的温度或者用到很危险的试剂。而且，经过这些简单的反应后，苯环的主要结构竟然不会被破坏。

经过跨世纪的努力，终于在1931年，德国物理化学家埃里克·休克尔（Erich Hückel）提出了举世闻名的"休克尔规则"，它也被现在的有机化学工作者称为"4n+2规则"。他提出：具有C_nH_n分子式的环状结构分子，如果环上有（4n+2）个碳原子，就会具有特别稳定的性质。而苯，恰恰是这样的分子！有意思的是，休克尔在这里使用了"芳香性"（aromaticity）一词来描述这种性质。从此，越来越多的学者加入"休克尔芳香性"的研究队伍中，"aromatic"这一词语便慢慢"跑偏""变味"，开始用于形容这种独特的稳定性，而不是它所带来的气味了。

后来，芳香性概念逐步发展，不再局限于休克尔芳香性（此外还有Möbius芳香性、Craig-Möbius芳香性、σ-芳香性等），芳香化合物性质的研究也不再局限于稳定性这一表象。越来越多的学者发现，芳香化合物具有许许多多与众不同的性质，除了结构、反应上与众不同外，它们还像环形的导线，仿佛符合高中物理课本上的楞次定律（图3-29）：它们会在诱导磁场的作用下产生抵抗磁场的环电流。这也恰恰说明了在芳香化合物中，环上的原子之间共享着它们的电子，电子可以毫无阻碍地在环上流通，就像在导线中流通一般。也正是由于芳香化合物具有方方面面的特征，产生了许多不同的性质（如稳定性、反应特性、电磁特性等），导致至今为止它还是化学家无法完全搞清楚的概念。

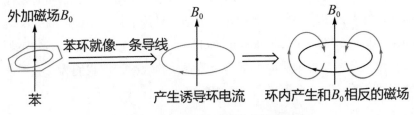

● 图3-29　芳香化合物符合楞次定律

再让我们回到最初关于气味的话题。随着时间的变迁，人们发现，并不是所有具有芳香性的化合物都是有香味的。并且香味不但和物质种类有关，也和它的浓度有关。如最著名的例子吲哚（indole）分子就是一种具有芳香性的化合物：这种物质主要存在于天然的花油中，如茉莉花、水仙花等的花油，在油液极度稀释的情况下气味芬芳，而我们把吲哚的浓度提升后却会闻到强烈的粪臭味。而人类产生的粪便的臭味，也正是来自这种分子！

所以说，芳香化合物其实并不一定芳香，甚至会很臭。

近200年来的研究使越来越多有趣的芳香性分子被合成与发现，芳香性概念也随着时间缓慢地被拓展。例如1996年诺贝尔化学奖涉及的足球烯（fullerene，又叫富勒烯）就是一种被认为具有球芳香性

科技热点篇

电子与信息篇

材料与化学篇

生物与科技篇

地球与环境篇

的化合物，这种化合物已经被用于光学材料、生物医学、分子润滑剂等各个领域的应用研究中。而2010年诺贝尔物理学奖涉及的石墨烯（graphene），则具有超大的平面共轭（芳香性）体系，目前也被应用于柔性显示屏、传感器、电池、超导材料等领域。

最后，让我们回到基础科学。随着越来越多的科学家开始关注、研究芳香性体系，芳香性这一概念逐渐发展壮大。许多著名科学家，包括诺贝尔奖得主罗德·霍夫曼（Roald Hoffmann），就"芳香性"到底应该被限于描述苯及其类似物，还是应该无止境地发展下去开展过激烈讨论。然而，随着科学的发展，芳香性正在以势不可挡的"能量"继续前进，或许可以借用亚历山大·博尔德列夫（Alexander Boldyrev）和王来生教授在名为"Aromaticity by Any Other Name"论辩中所使用的谚语来阐述笔者的观点：如果它走路像鸭子，叫起来像鸭子，看上去也像鸭子，那它就一定是一只鸭子！（If it walks like a duck，quacks like a duck，and looks like a duck，it must be a duck！）如果一种化合物在各个层面上都符合芳香性的规律，那我们为什么不能使用"芳香性"这个词来描述它呢？

作者介绍

华煜晖

厦门大学理学博士，在深圳格拉布斯研究院从事博士后研究。2015年本科毕业于厦门大学化学化工学院，同年进入能源材料化学协同创新中心攻读博士学位，主导师为夏海平教授。

夏海平

南方科技大学化学系讲席教授，于厦门大学获得理学学士、硕士、博士学位，并在厦门大学工作30多年。兼任深圳格拉布斯研究院执行院长。主要从事金属有机化学和高分子化学研究。创立了具有中国标签的非经典芳香化学——碳龙化学。

生物与科技篇
Biology and Technology

04

北极熊是怎样保暖的

○邵子钰　柏浩

北极熊生活在遥远而酷寒的北极，其形象憨态可掬，泳姿略显滑稽，惹人喜爱。人类同样作为恒温哺乳动物，到了寒冬，即使穿着厚厚的衣服，也有可能冻得瑟瑟发抖。而北极熊却能在北极的冰天雪地里自在地玩耍、捕食，甚至可以在刺骨的冷水里连续游上好几天，这让人惊叹，也让人疑惑。

北极熊虽然看上去是白色的，但却拥有一身黑色皮肤，同时，在这黑皮肤上，生长着一些内部有很多孔的透明中空毛发。正是这样一层厚厚的中空多孔毛发，给予了北极熊保持自身体温恒定的卓越能力，让它们可以在北极冰寒的陆地或水中自由活动。

这样一层皮毛是怎样发挥保暖作用的呢？

当恒温哺乳动物处在低温环境中时，由于身体表面与环境之间存在温差，身体将不断向环境中散失热量，其方式有热传导（conduction）、热对流（convection）以及热辐射（radiation）三种（图4-1）。

通过热传导传递热量的速度与温差和物体的热导率（thermal conductivity）有关，物体热导率越大，热量损失得越快。气体一般都具有较低的热导率，比如空气的热导率约为0.025W/（m·K），而铜的热导率则可达400W/（m·K）。也就是说，相同温差下，通过铜传热的速率是通过空气传热速率的上万倍。因此，我们常采取将固体材料做成多孔结构的方法来降低其热导率。比如在蓬松的棉花和羽绒之间存在着大量的空气，这大大降低了衣服的热导率，进而有效地减少了热传导损失。

当我们穿上衣服时会怎么样呢？

⟹ 热传导　　 ↻ 热对流　　 ↝ 热辐射

● 图4-1　身体表面的热量散失方式

　　与热传导不同，热对流主要发生在流体，即气体和液体之中。通常情况下，液体的对流传热速率大于气体，而流体在流动时，其对流传热速率大于静止时的对流传热速率。因此，流体流动速度越快，对流热损失越大。还是以棉衣和羽绒服为例，由于其孔隙中空气的流动受到了限制，对流热损失降低，从而达到保暖的目的。

　　最后，热辐射是一种比较特殊的热传递方式。温度高于绝对零度的物体都会以这种方式向外界辐射热量，所辐射的总能量随其表面温度的增加而增加。对于大部分物体，热辐射主要以红外线的方式传递。红外线是一种电磁波，在传播的过程中可以被吸收、反射或折射。所以，将我们身体辐射出的红外线反射回来也是一种常用的保温手段。

　　基于以上传热原理，我们来分析一下北极熊这件特殊的"保暖毛衣"（图4-2）。北极熊浓密的毛发之间以及毛发内部的孔中都存有空气，这样，北极熊这件"毛衣"的热导率就会大大降低；同时，这些小空隙中空气的流动被限制，失去了与外界空气接触的机会，因此，通过对流产生的热损失也会大大减少；最后，在北极熊毛发外部和内部孔的各个表面上，从它的皮肤表面所辐射出的红外线将会不断地发生反射或者折射，在此过程中，很多红外线重新返回北极熊的皮肤表面而被再次吸收。

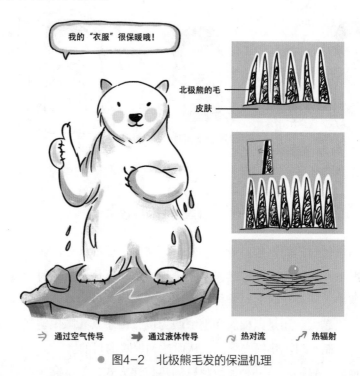

图4-2　北极熊毛发的保温机理

与空气相比，水的对流传热系数更大，因此，在水中，对流热损失会十分严重。为了捕食，北极熊需要经常在寒冷的水里游泳。棉衣和羽绒服泡进水里会因为吸水而丧失保温作用，但北极熊在游泳的时候，它们的"毛衣"依然可以发挥作用。首先，北极熊毛发内部的空气与外界环境隔绝，即使进入水中，这部分空气仍然会存在于毛发内部，继续起到降低热导率，减少热损失的作用。除此之外，当把一滴水滴到一束北极熊毛发上时，这滴水并没有铺展开来，而是基本保持球形，这说明北极熊的毛发具有一定的疏水性，这能够让北极熊在进入水中时在其毛发表面及毛发之间留有一定的空气，进而在一定程度上避免与寒冷的水直接接触，减少由于水对流产生的热量损失。

为了实现保暖，北极熊还需要尽量利用外界的能量。科学家发现，当使用紫外相机观察北极熊时，原本白色的北极熊会呈现出黑色。通过不断的研究发现，北极熊的毛发有接近于光纤的作用，光线到达表面后，会在这些毛发的外壳及毛发之间发生不断的折射和散射，最终会有一部分光线到达毛发的底部，被黑皮肤吸收利用。由于皮肤外层存在厚厚的毛发，所吸收的热量很难再次损失，因此提高了北极熊毛发对外界能量的利用效率。另外，还会有一部分光线被反射至北极熊毛发之外，不同颜色的反射光叠加形成白光，这也是我们肉眼看到北极熊呈现白色的原因。

我们观察和研究自然，是希望能够将学到的知识应用于日常生活中。在对北极熊的保暖能力有一定认识后，科学家开始设计相关仿生材料和系统。模仿北极熊毛发和皮肤的功能，研究人员发明了由透明隔热层和热量吸收层组成的太阳能收集利用系统［图4-3（a）］[18]，实现了对太阳能量的高效吸收利用。模仿北极熊毛发中空多孔的特征，研究人员通过冰模板法（freeze-casting）制备了多孔纤维［图4-3（b）］[19]。穿上这件多孔纤维"熊毛"衣服的兔子在红外相机下呈现出和周围环境几乎一样的颜色，这说明这件衣服可以极大地减少兔子身体的热量损失［图4-3（c）］。

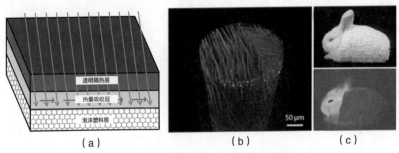

（a）　　　　　　　　　（b）　　　　　　　（c）

● 图4-3　北极熊毛发的仿生系统及材料

（a）仿北极熊毛皮的太阳能收集利用系统；（b）仿北极熊毛发的多孔纤维；（c）穿着多孔纤维织物的兔子。

随着科技的进步，人类探索未知世界的脚步不断加快。在此过程中，研究、开发和升级保温隔热材料对保障特殊人群的人身安全，以及对处于恶劣环境中的建筑及管道的保温隔热意义重大。科研人员通过对北极熊毛皮特殊性能的深入研究，不断开发出更为高效、轻薄的保温材料，不断升级航天服、消防服及潜水服等防护服装的效能，推动科技进步与社会发展。

✎ 作者介绍

邵子钰

浙江大学化学工程与生物工程学院2018级硕士研究生。2018年本科毕业于浙江大学化学工程与生物工程学院化学工程与工艺专业，并进入柏浩研究员课题组进行仿生智能材料的相关研究。

柏浩

浙江大学化学工程与生物工程学院研究员、博士生导师。主要从事仿生智能材料研究，成果发表于Nature等学术期刊。曾获香港求是科技基金会"求是杰出青年学者奖"、中国科学院优秀博士学位论文奖、中国科学院院长特别奖等。

为什么古菌能在100℃沸腾的热泉里生存

○曾芝瑞

古菌是一种微生物，它能在滚烫的热泉（温度可高达100℃）里生活，因此被冠名为极端微生物。在中国云南腾冲（图4-4）、美国黄石公园的热泉里，甚至海底火山热液口都有它们的踪迹，这简直是生命的奇迹！

● 图4-4　云南腾冲大滚锅85℃热泉里生活着丰富的古菌（杨威　摄）

地球上大多数微生物对高温很敏感，在60～70℃就会被杀灭。利用这一原理，巴氏消毒法在65℃下，30min即可杀死牛奶中99%的微生物，使牛奶的保存时间大大延长。那么，热泉里的古菌又是如何在沸腾的热水里生存繁衍的？它们"煮不烂"的秘密是什么？

科学家发现耐热古菌有三个特点：结实的细胞膜结构、热稳定的蛋白质和不易降解的DNA。

细胞膜是细胞与外界分开的屏障，不仅支撑起细胞的形态结构，也控制着物质有序进出细胞，从而维持细胞内生物化学反应的稳定。因此，能够在高温下生活的生物，首先必须有着耐热的细胞膜结构。普通的细菌和真核生物的细胞膜是由脂肪酸构成的磷脂双分子层结构（bilayer），这种细胞膜中间断开的分层结构具有很高的流动性，方便物质进出细胞，可以加快细胞从环境中获取营养及排泄废物的速度。但是，它的缺点也很明显：在高温环境下，细胞膜容易变形破裂，导致细胞无法存活。

耐热古菌细胞膜的主要成分是一种名为甘油二烷基甘油四醚脂（GDGTs）的化合物，所形成的是单层膜（monolayer），膜脂中间连为一体，不分层（图4-5）。这样的物理结构决定了耐热古菌的细胞膜更牢固。此外，相比于磷脂脂膜的酯键（ester bond），耐热古菌GDGTs的醚键（ether bond）具有更强的化学稳定性，导致GDGTs不易被高温和强酸降解，因此耐热古菌细胞可以在热泉里保持完整的细胞结构。

随着环境温度升高，耐热古菌还可以对其细胞膜结构作进一步加固，在GDGTs基础结构上形成更多五元环结构，相当于在一根绳子上打很多的结，这导致脂类分子间的排列更加交错紧密，使得细胞膜更致密，通透性下降，防止高温下环境中的物质（特别是氢离子）过快地进出细胞膜，破坏细胞内环境[20]。因此，耐热古菌特有的GDGTs细胞膜脂结构是它们适应高温的关键。

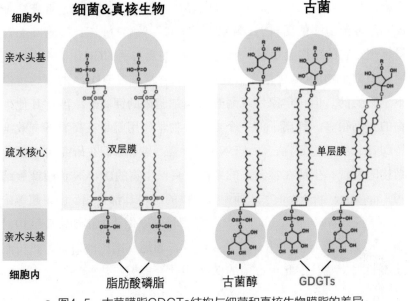

细胞外

亲水头基

疏水核心

亲水头基

细胞内

细菌&真核生物

古菌

双层膜

单层膜

脂肪酸磷脂

古菌醇

GDGTs

● 图4-5　古菌膜脂GDGTs结构与细菌和真核生物膜脂的差异

蛋白质是生命活动的载体，具有催化功能的酶蛋白更是生物代谢的核心，毫不夸张地说，没有酶就没有生命活动。因此，如何提高蛋白质特别是酶的热稳定性，是古菌适应高温环境的重要挑战。与普通蛋白质相比，古菌热稳定蛋白质的三维结构内部拥有更大的疏水核心结构，让更多的蛋白质单元（氨基酸）包埋在疏水核心内部，减少蛋白质被热水（亲水离子）攻击的面积，仿佛形成一座圆形堡垒。并且，古菌蛋白质的折叠结构可以被更多的氢键、二硫键和盐桥连接，大大加强了蛋白质结构的刚性，就像一座房子内部使用许多横梁与立柱加固。

此外，耐热古菌特异的伴侣蛋白的作用也至关重要，因为高效的伴侣蛋白可以很好地帮助蛋白质在高温下进行正确折叠和修复损伤，从而维持蛋白质的活性。由此，耐热古菌进化出了特有的伴侣蛋白聚合体——耐热复合体（thermosome），在高温下对蛋白进行结构与活性维护保养[21]。经过对蛋白质系统的这些特殊改造，耐热古菌细胞内的各类酶催化介导的代谢过程可以正常运行。

DNA是生命遗传信息的主要载体，给细胞活动发出指令，指导细胞的复制与生长。因此，在高温环境下保持DNA结构不被破坏是极其重要的。一般而言，DNA的GC（G：鸟嘌呤；C：胞嘧啶）含量越高，它的结构越稳定。但是，一些耐热古菌的GC含量并不比其他常温微生物的GC含量高，这说明GC含量对古菌DNA的耐热特性不是必要的。但科学家发现耐热古菌细胞内的钾离子浓度比其他生物的要高很多。钾离子的一个重要生物学作用就是在高温下有效维持DNA结构的稳定性，防止DNA链断裂。科学家们在研究DNA螺旋结构时发现，生活在常温下的细菌和真核生物的DNA是负超螺旋结构（negative supercoils），而耐热古菌的DNA却都是相反的正超螺旋结构（positive supercoils）[22]。尽管科学家们认为正超螺旋结构对DNA耐高温起很大作用，但是人们对正超螺旋结构的潜在耐热机制还不是太了解。因此，古菌的DNA为什么能够耐热，还有很多未解之谜。

　　生命自30多亿年前在地球上诞生以来，经历了多次全球气候环境的剧烈变化，它们的子子孙孙至今仍然存活在地球的各个角落。犹如活化石的极端古菌，对自身的结构进行了系统性转变，适应了这些极端环境，繁衍生息至今。但限于我们的认知水平，我们只发现了它们中很少的一部分。研究极端古菌的生存机制，不仅有助于我们认识生命在地球的起源与演化，而且有助于我们科学地利用相关仿生科学原理为人类生活和社会发展服务。

✎ 作者介绍

曾芝瑞

　　南方科技大学海洋科学与工程系副教授，博士生导师，2014年获得美国得克萨斯农工大学博士学位，2015年至2019年在斯坦福大学进行博士后研究。研究兴趣是使用生物技术手段回答地球科学的问题，致力于地球科学、微生物学、分子生物学交叉融合。现专注于研究古菌膜脂标志物GDGTs。

什么是微生物水泥

○王誉泽

看到"水泥"一词，我们首先会想到什么呢？是其灰白色的外观，还是它在各种建筑物中那"润物细无声"的存在形式？今天我们来认识一下水泥界的后起之秀——微生物水泥。

回顾水泥的发展脉络不难发现，水泥其实是一种有着悠久历史且具备神奇魔力的"强力胶水"。水泥的历史可追溯到古罗马时代，古罗马人把石灰和火山灰混合，形成了西方人眼中"最早的水泥"。而同一时期，中国人则在石灰砂浆中掺入黄黏土，用来增强砂浆的硬度。到了18世纪，英国人以石灰石和黏土为主要原料，经破碎、煅烧、磨细等一系列工艺制成硅酸盐水泥，后来进一步改进为通常所说的波特兰水泥。迄今为止，几乎所有的建筑物都离不开水泥，水泥对社会的发展起到了重要作用。

然而，随着现代社会发展对水泥的需求不断增加，大量的水泥制造需要不断开采石灰岩，对自然环境造成了一定程度的破坏。采石过程中对山体生态环境造成了不可逆的毁坏；水泥烧制过程中向大气散发较多的温室气体（如二氧化碳）及有害气体（如二氧化硫、氮氧化物、气态氟化物、一氧化碳等）；水泥厂如果不做好防尘处理还会产生大量含硅酸盐粉尘，严重污染环境，危及周边空气质量，对人体健康造成严重危害。

能否找到一种环保的材料来代替这种传统水泥呢？

对此，微生物学家与岩土工程学家共同给出了答案：微生物水泥。顾名思义，微生物水泥是利用微生物的作用使某些材料产生水泥的效果。"微生物"与"水泥"似乎是有点儿相悖的两个事物，但二者组成的"微生物水泥"却是岩土工程界的一个后起之秀。广义上讲，很多生物在大自然中都能参与天然矿物的形成，如海底的珊瑚礁、蚂蚁的洞穴以及喀斯特地貌等。除了较大的生物外，科学家们发现地表以下2m范围内每千克土壤中含有多达$10^9 \sim 10^{12}$个微生物——细菌[23]。其中，多种细菌在新陈代谢过程中产生特殊的酶，这种酶可以促进细菌与某些物质发生化学反应诱导碳酸钙沉淀（microbial-induced calcium carbonate precipitation，MICP）。形成的碳酸钙沉淀可以将土颗粒等"粘"在一起，像传统水泥材料一样扮演黏合剂的角色，使土体在这种黏合剂的作用下产生更高的强度，甚至将土转化为岩石[24]。如图4-6所示，图4-6（a）为通过微生物水泥将散沙固化成的岩石样品，图4-6（b）展示了通过电子扫描电镜观测到的岩石样品中碳酸钙矿物胶结砂土颗粒。这就是微生物水泥的奥秘。

● 图4-6　通过微生物水泥将土变成岩石

（a）岩石样品；（b）碳酸钙矿物胶结砂土颗粒。

相比于传统水泥，微生物水泥所需要的微生物和钙离子、所形成的碳酸钙沉淀不会对环境造成负面影响，这种环境友好型"品格"是微生物水泥与生俱来的光环。此外，传统水泥黏滞性大，很难被注入土体或者混凝土微裂隙中进行加固处理，而微生物水泥通过向土体中注入黏滞性很低的细菌液和化学反应液，然后通过生物化学反应原位生成水泥，因此可以原位加固土体且可以加固修复混凝土等建筑材料的微裂隙。

多种细菌可以诱导碳酸钙沉淀，其中尿素水解菌（包括巴氏芽孢杆菌、巨大芽孢杆菌和球形芽孢杆菌）通过水解尿素诱导碳酸钙沉淀的过程（图4-7）由于反应可控性强，因此被广泛研究。这些细菌通过产生尿素水解酶，促进尿素水解，在短时间内生成碳酸根离子，进而与土体中的钙离子等阳离子反应生成碳酸钙沉淀。

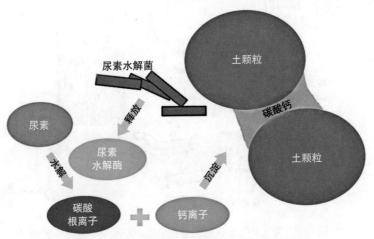

● 图4-7　尿素水解菌诱导碳酸钙沉淀过程示意图

然而，微生物并不具有生产"水泥"的独立意识，这些生命体虽然可以诱导碳酸钙沉淀的生成，但想要使它们能够加固土体，除了利用其自身得天独厚的优势之外，还需要人类的辅助。微生物水泥形成首先需要有足够量的可产生相关酶的微生物。尽管土体中微生物含量颇丰，但是为了达到加固土体的目的，需要通过原位激活培养或通过注射的方法，使土体中微生物数量满足"水泥"生产的需求。其次，需要向土体中注入形成微生物水泥的另一种主要材料——钙离子。微生物水泥所需的原材料只有被注入土体，与化学反应液相遇之后才能生成足够的碳酸钙沉淀，满足微生物水泥发挥工程作用的要求。

迄今为止，微生物水泥技术已经发展10余年，然而目前此技术的大范围商业应用仍面临很大的挑战。其中很重要的挑战是诱导碳酸钙的反应复杂，且微生物水泥会在反应液注入土体的过程中形成，导致很难有效预测生成的碳酸钙在土体中的分布和特性，进而无法保证满足工程力学强度的要求。

目前，科学家们正在使用新型微观观测等技术进一步深入了解微生物在土体中的行为，以及诱导碳酸钙沉淀在土体中的微观反应机理（图4-8），通过突破对反应机理理解的瓶颈，更好地预测微生物水泥在土体中的分布和性能。

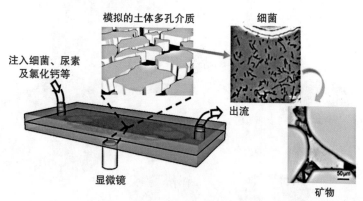

● 图4-8　采用微流控芯片技术研究微生物水泥微观反应机理示意图（修改自文献［25］）

虽然微生物水泥研究迄今仍具有挑战，但其应用前景十分广阔，主要包括地基加固、大坝修复、边坡治理、建筑墙体修复等。此外，微生物水泥还可以和传统水泥共同作用，产生一加一大于二的效果。例如，微生物水泥可用来修复传统混凝土中的裂隙，也可以对一些管道或土石坝进行防渗处理。在陆地之外，海洋中也不乏微生物水泥的身影，科学家们正尝试将微生物水泥应用于一些海洋工程中。未来根据此技术，通过转基因细菌，或许可以培养出适应火星环境的可生产微生物水泥的细菌，也许微生物水泥可广泛用于建造火星房屋。

如果说石灰与火山灰或黄黏土等材料的混合物是古代的"水泥"，伴随人类文明走过了几千年，那么自200年前开始出现的通过破碎、煅烧、磨细等科学工艺制成的波特兰水泥则见证了近代社会的发展。相比而言，微生物水泥只有10余年发展历史，虽稍显青涩但却拥有广阔的未来。或许有一天，我们的城市不再只是冰冷的钢筋混凝土森林，在微生物水泥的参与下，城市建筑物会更有"生机"。

✐ 作者介绍

王誉泽

南方科技大学海洋科学与工程系助理教授，英国剑桥大学博士，曾于英国杜伦大学做博士后研究。研究领域为海洋工程，主要包括微生物矿化在海洋岩土体加固、海洋碳中和及海洋重金属污染治理等方面的应用。

服用中药会有重金属中毒的风险吗

○王超　刘畅　胡清

中医作为中华传统文化的一部分，在使用中药对症治病时，也要适度、适量，否则就过犹不及。譬如，牛黄解毒片是清热解毒的良药，但如果长期超量服用，会带来重金属砷中毒的恶果，使人出现恶心、呕吐、腹泻，甚至肾衰竭、休克等症状[26]。类似地，若长期服用冬虫夏草、三七等"看起来很美"的中药补品，也会导致重金属中毒，危害健康。

中药副作用引起的许多健康问题案例均与重金属有关。中药含有的重金属通常包括五种，分别是铜、铅、镉、汞及类金属元素砷。这些元素的过量摄入，是导致重金属中毒的罪魁祸首，严重时甚至会危及人们的生命。那么怎样扬长避短，让中药成为人类健康的卫士而非问题制造者呢？想要解决这一问题，必须先了解草药所含的重金属元素的来源，并切断它们。

如图4-9（a）所示，草药的重金属有多种来源，可依据其生产使用流程划分为三种，分别是种植生长阶段吸收的重金属、加工炮制过程中引入的重金属以及人为添加的重金属[27]。如图4-9（b）所示，在种植和生长过程中，草药植物需要从土壤、水中吸收养分，但它们也会"误食"土壤、水中的重金属元素；同时，草药植物也会呼吸，空气中的重金属由于重力作用或伴随降水而发生沉降，进而被草药植物吸附、吸收。在加工和炮制过程中，由于加工用具多使用金属材质的刀、容器等，用这些用具处理中药时，会引入少量的重金属元素[28]；同时在中药炮制过程中，有时也会引入含一定量重金属的辅料，这也是中药中重金属的一大来源。

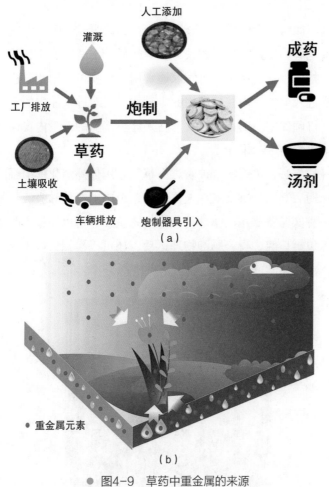

● 图4-9 草药中重金属的来源

（a）草药中重金属的来源分类；（b）自然条件下草药吸收重金属的途径。

中药中可能含有危害健康的重金属元素，这是否意味着我们应该对中药避而远之呢？其实不然，同一重金属元素可以不同价态存在，其毒性也大相径庭。对汞而言，朱砂（硫化汞）是毒性很小的形态，而单质汞、甲基汞等则具有较强的毒性；对砷而言，砒霜（三氧化二砷）有剧毒，雄黄（二硫化二砷）的毒性则要小得多；其他不同形态的重金属元素，其毒性强弱也有区别。而中药处方加入的矿物药一般都是毒性小的重金属形态，且剂量不高，因此对人体的健康所产生的风险处于一个可接受的程度。

那么，如何评价中药中重金属的毒性和健康风险呢？毒性和健康风险跟重金属的暴露量呈正相关，而暴露量并不意味着所有的重金属都会被生物体吸收、利用。科学家通常用"生物可利用性"这一术语评价物质进入生物体内并被利用的难易程度，对进入体内的重金属进行量化，以确保中药的重金属含量在人体可接受的范围内。通常有两种方法量化生物可利用性。

第一种方法，可效法"神农尝百草"，用体外消化模拟系统模拟人服用中药后其中的重金属在人体消化系统内的释放和吸收特征。图4-10是一种实验室常用的体外消化模拟系统，它可以模拟人类进食的全过程，包括口腔、胃、肠的物理运动，还可以模拟人体消化吸收的全过程，包括化学成分、微生物群落的情况。

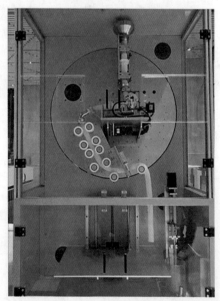

● 图4-10　体外消化模拟系统

第二种方法，针对重金属元素的生物可利用性与其存在形态密切相关这一特性，通过一系列提取方法将重金属元素的不同形态分级，进而确定各种形态的重金属含量，最终评估重金属元素的生物可利用性。根据提取方法的不同，一般可以将重金属元素划分为4～7种形态。图4-11是常用的五步Tessier连续提取法的流程，它将重金属元素分为离子交换态、碳酸盐结合态、铁锰氧化物结合态、有机结合态、岩石矿物晶格态[29]，这五种形态的重金属元素的生物可利用性和毒性依次递减。

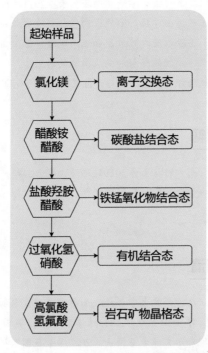

● 图4-11　Tessier重金属形态五步连续提取法

因此，我们应该以客观理性的态度来判断中药中重金属所引起的健康风险。抛开剂量谈毒性是极其不合理的，此外，对于中药的重金属而言，它们的存在形态及生物可利用性也是决定其毒性的关键因素。经科学研究后，国家药典委员会编的2020年版《中华人民共和国

药典》修正了中药的重金属限量标准，同时国家也在大力提高土壤、大气、水环境质量以及中药加工的技术环境要求，以减少因为环境污染以及加工不当引起的中药重金属污染问题，让老百姓吃上放心的中药。

✎ 作者介绍

王超

南方科技大学研究助理教授。2011年于香港科技大学获环境工程博士学位。研究方向包括环境中新兴污染物的检测、归趋、去除以及人体健康和生态风险评估，高级催化氧化技术对有机污染物的降解和病原微生物的灭活，污染场地土壤与地下水风险评估。主持参与了11项国内外的科研项目。

刘畅

南方科技大学2019级环境工程专业研究生，研究方向为中药中重金属的健康风险评估、基于高级催化氧化的水处理技术开发。

胡清

南方科技大学教授，南科大工程技术创新中心（北京）主任，享受国务院政府特殊津贴专家，英国帝国理工大学环境污染和水文学专业博士。2017年荣获国家科学技术进步奖二等奖，2016年荣获IBM全球杰出学者奖，2012年获教育部科技进步一等奖，获得2011年人力资源和社会保障部高层次留学人才回国资助。

如何利用光诱导力显微镜
感知微观世界

○曾进炜

　　显微镜可以将微小物体的像放大，帮助人们了解物质的微观形态。传统的光学显微镜利用光学放大原理，将微小物体的像放大到肉眼可见的程度。然而，这个方法有两个很大的局限：其一，传统光学成像的放大倍率是有极限的，其分辨率通常无法超过照明光波长的一半；其二，物质的一些内在性质，例如导电性、手性、磁性等，无法通过观测外观直接获取。

　　随着生命科学与芯片技术的发展，人们需要观察更小的物体，并深入探索它们的内在性质。例如，2020年肆虐全球的新型冠状病毒的平均直径只有100nm左右，而其表面刺蛋白的特征尺寸则仅有数纳米，远远小于光学显微镜的观测极限。刺蛋白表面的导电性特征是它的一项重要物理性质，但人类却无法通过观测其外观获取这一信息。又比如，随着后摩尔时代光子与电子芯片的特征尺寸减小到10nm以下，量子效应对芯片单元的电磁性质造成了很大影响，一些基于宏观物体的电磁理论不再适用。研究芯片在极小尺度下的电磁性质，对设计高效能芯片至关重要。因此，追寻"更高的分辨率"与"揭示物质的内在性质"，成为现代显微镜的两个核心任务。

　　光诱导力显微镜是一种旨在攻克上述关键问题的新型超分辨显微

镜，也是一种带有照明光路的扫描探针显微镜，由美国加州大学尔湾分校的库马·维克拉玛辛格（Kumar Wickramasinghe）教授课题组在2010年发明。与传统光学显微镜不同，光诱导力显微镜并不是通过"看"来观察样品，而是利用照明中纳米探针的"轻抚"感知样品的性质。

光诱导力显微镜对样品的探测方式类似于"盲人摸象"（图4-12），而探针则类似于盲人的手，当探针接近样品表面时，即可感知样品与探针之间的作用力。由于探针的尺寸可达数纳米甚至亚纳米，其分辨率远远高于光学显微镜的探测极限。而且，正如人类的手可以感知温度、湿度、黏度等性质，特殊的探针也可以感知不同性质的作用力，从而探知样品相应的物理性质。不仅如此，基于"看"的传统光学显微镜很难准确获取深度信息，因为光学显微镜模仿人眼，观测到的像是二维平面图形，而二维图片的"立体感"源于人脑对三维物体在二维图片上显示的直觉解读。与此相对，基于扫描探针的光诱导力显微镜则可以获取具有完整的长、宽、深信息的三维像（topography，又称为拓扑像）。在获取深度信息方面，光诱导力显微镜无疑比传统光学显微镜更胜一筹。

● 图4-12　光诱导力显微镜的探测原理类似于"盲人摸象"

如上所述，光诱导力显微镜有着超分辨测量、可探测材料本质与精密三维成像等特点，那么下一个重要问题是：光诱导力显微镜为什么要测量光力呢？光力有什么独特之处？

光力有着独特的性质，可以揭示材料隐藏的电磁性质。由于光是一种电磁波，所以被入射光照射的纳米探针针尖可以近似地理解为电偶极子或磁偶极子，在电磁场中会受到电磁作用力，即洛伦兹力。光诱导力显微镜的探针针尖所受光力主要来源于针尖周围区域场：该区域场的梯度越大，光力越大；如果该区域场为恒定值而没有梯度，则针尖所受光力的合力为零。

如果我们使用特殊的结构光场照明，并且使用良好的电探针或磁探针材料，则其针尖所受的光力正比于样品表面的电场与磁场分布。也就是说，光诱导力显微镜可以在超分辨尺度下揭示样品表面的电磁性质。

光诱导力显微镜的基本结构如图4-13所示。光诱导力显微镜的探针不仅能感知光力，还能够感知范德华力、黏滞力、摩擦力、静电力等"非光力"，这些非光力有时也被称为原子力。通常探针所受合力同时包含原子力与光力，所以，如何在探针上提取纯粹的光力，是光诱导力显微镜的一个核心任务。光诱导力显微镜的发明团队利用锁相放大原理解决了这个问题。简单来说，就是先利用光开关给入射光一个特定的调制频率，使此开关频率与背景噪声的频率不同。在测量光力的时候，再通过精密校准，仅在光力最高的时候测量探针所受的合力。最后经过千百次测量和求平均值之后，背景噪声被抵消，仅剩下纯度极高的光力。

综上所述，光诱导力显微镜通过测量光力可以对样品的电磁性质进行精密测量，在材料科学、生命科学、光电子科学、芯片技术等领域的基础研究工作中发挥着重要作用。

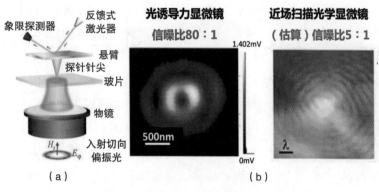

象限探测器　反馈式激光器

悬臂
探针针尖
玻片
物镜
入射切向
偏振光
$H_\uparrow$　E_φ

光诱导力显微镜
信噪比80:1

1.402mV

500nm

0mV

近场扫描光学显微镜
（估算）信噪比5:1

λ

（a）　　　　　　　　　　（b）

● 图4-13　光诱导力显微镜的基本结构

（a）光诱导力显微镜示意图；（b）光诱导力显微镜与近场扫描光学显微镜对高聚焦结构
　　　　光场表征的对比[30]。

作者介绍

曾进炜

　　中国科学技术大学武汉光电国家研究中心副教授，入选2020年湖北省百人计划。美国纽约州立大学布法罗分校博士，曾在美国密苏里科技大学与加州大学尔湾分校任博士后研究员。长期致力于结构光场与纳米结构相互作用的基础理论与应用研究，近期研究重点是利用光诱导力显微镜实现超分辨电磁表征。

谁在突破光学显微镜的极限

○李依明

俗话说："工欲善其事，必先利其器。"在人类探索微观世界的征程上，显微镜功莫大焉。显微镜分光学显微镜和电子显微镜两种，其中电子显微镜的放大本领高于它的"前辈"光学显微镜。但电子显微镜有很多缺点，如只能在真空中观察样本，样品处理过程复杂，等等。而光学显微镜虽然放大倍率不及电子显微镜，却适合观察更多种类的样品，如想探究细胞以及更小的生物结构，就必须依靠光学显微镜。

为了量化显微镜分辨细节的本领，我们需要了解分辨率（resolution）这一概念。所谓分辨率，就是光学系统所能分辨的两个像点的最小距离。点光源经过透镜成像后，在成像屏上会扩散成一个圆形的光斑，也就是艾里斑（Airy disk）。如果两个点的距离太近，它们的成像会重叠，从而无法分辨这两个点。所以，显微镜的分辨率越小越好。

传统光学显微镜的分辨率最小可以达到多少呢？

1873年，德国数学家和物理学家恩斯特·阿贝（Ernst Abbe）发现显微镜分辨率与光的波长成正比，而与物镜的折射率（n）、物体与物镜边缘连线和光轴的夹角（θ）成反比。为方便起见，$n \times \sin\theta$被称为数值孔径，简写为NA。我们使用的可见光波长在500nm左右，而NA是1～1.5，因此推导出显微镜的分辨率约为200nm。所以，即使提高物镜的放大倍率，也无法提高显微镜的分辨率，这就是阿贝衍射极限（Abbe diffraction limit）。阿贝衍射极限公式被刻在了阿贝的墓碑上以作纪念（图4-14）。

● 图4-14　阿贝墓碑上刻有阿贝衍射极限公式

　　为了突破阿贝衍射极限，一个多世纪以来，全世界的科学家从各种角度出发，推动显微镜研究进入了新的领域。

　　第一种思路是从阿贝衍射极限公式入手。阿贝提出分辨率与光的波长λ和物镜的数值孔径NA有关，我们要想办法减小λ或者增加NA，这样衍射极限就会缩小。如果使用波长比可见光更短的紫外线，虽然可以提高分辨率，但是其穿透能力差，还会损伤样品。因此，最佳方案是通过提高NA来突破衍射极限。

　　为了实现这一目的，我们可以增加折射率n，也可以增加孔径角θ。就前者而言，空气的折射率是1.00，水的折射率是1.33，油的折射率是1.4～1.8，因此物镜与样品之间常常用油来浸润，以提高折射率。也许未来能发明更好的材料，用于制作折射率更高的透镜，并且能找到高折射率的油，这样就能进一步提高分辨率。这也是尼康、奥林巴斯等显微镜龙头公司不断努力的方向。就后者而言，科学家斯特凡·赫尔（Stefan W. Hell）天才般地利用光干涉的相干性，用两个物镜进行投射，相当于增大了孔径角，这个方法被称作4Pi技术。

第二种思路则是绕过这个公式，彻底突破衍射极限。很多以此为思路的科学家都取得了创新性的成果，艾力克·贝齐格（Eric Betzig）、威廉·E. 莫纳（William E. Moerner）和斯特凡·W. 赫尔在2014年还因此获得诺贝尔奖。

那么，这三位科学家是如何巧妙地绕过阿贝衍射极限公式突破衍射极限的呢？

要理解他们的研究，我们首先需要认识荧光显微镜（fluorescence microscope）。普通的显微镜是利用反射光成像，而荧光显微镜则利用了荧光蛋白受激发光照射后发出荧光的现象。上面三位科学家都把目光投向了一个奇妙的化学现象——荧光蛋白的"开与关"。

正常情况下，荧光蛋白受激发后变成亚稳态，随后发光，从而重新变成稳定状态。但是有一些荧光蛋白受激发后，会在亚稳态下保持稳定，并不发光。不过，亚稳态终归不稳定，如同照妖镜一样，只要用特定波长的光照射，它就会显形，乖乖返回原始状态，并发出荧光。我们把发出荧光的状态称为"开"的状态，不发荧光的状态称为"关"的状态，就像一盏灯一样。

1994年，赫尔发明了受激发射损耗显微术（stimulated emission depletion microscopy，STED）。这种显微术使用了两束不同波长和形状的光：第一束是激发光，用来激发荧光蛋白发光；第二束是有着甜甜圈形状的损耗光，用来"关"掉最外层的荧光。经过处理的光束成的像大幅度减小了艾里斑的有效荧光面积，突破了0.2μm（200nm）这一极限，使用该技术的显微镜成为第一种超过纳米尺度的光学显微镜。

我们再了解下贝齐格于2006年发明的光激活定位显微术（photoactivated localization microscopy，PALM）的基本原理。它也使用了一种特殊的荧光蛋白，这种荧光蛋白只有被特定的光开启后才能被另一波长的光激发。于是，他先随机让少量的荧光蛋白开启，再用激发光照射所有位置，这样每次只有一部分荧光蛋白受激发光。由于光漂白的存在，这些位置的荧光蛋白发出的荧光转瞬即逝，如同闪烁的星星，并且再也不会被激发。用相机记录这些闪烁的位置，循环多次后，当每一个荧光蛋白分子都被激发过了时，再把每一幅图像整合起来，就能重建出完整的图像。

这项技术的核心主要是"随机"和"单分子成像"。传统荧光显微镜让所有荧光蛋白同时发光，导致距离较近的点无法分辨，而PALM是随机让少量点发光，大大降低了距离较近的点同时发光的可能性，也就不会受衍射极限的限制了。由于每个点都是离散的，这样我们就可以精确定位每个艾里斑的中心位置。这个可以被相机检测到的"发光点"一定要足够小，如果能被检测的点最小都是微米级的，何谈突破0.2μm？幸运的是，当时的技术已经能检测到1μm分子发出的光。莫纳说，这是突破超分辨显微技术的关键因素。

我们不妨闭上眼睛，想象一个动态的风景，直观感受衍射极限和超分辨荧光显微技术的原理。

衍射极限：一个平静的湖面，突然落下一个雨滴，此时湖面上出现了一层层以落点为圆心的圆环状涟漪。我们轻易地就能找出雨滴的落点——就是那个圆心。可是，如果有两个及以上距离很近的雨滴同时落在湖面上，荡起的涟漪彼此干扰，我们就很难找到两个雨滴的落点。

PALM：假设我们不知道湖的形状，只能看雨滴落在湖面时产生的涟漪，我们如何据此描绘出湖的全貌呢？这时，湖面开始下起小雨，每一秒都有许多雨滴落入湖面，但雨滴相距较远，产生的涟漪互不干涉。我们用相机拍摄到这一帧画面，就可以清晰地看出这一秒每滴雨的落点。经过长时间的拍摄，我们把每个雨滴落点整合起来，就是湖的全貌了。

如果说2006年是超分辨显微镜发展突飞猛进的一年，那么当今就是百花齐放的时代。各式各样的超分辨显微镜以不同的角度突破了衍射极限，而且都有各自独特的优势：如果我们想获取活细胞的成像，就需要成像速度快、细胞损伤小的超分辨显微镜，可以使用结构光照明显微镜（structure illumination microscope）；如果我们想获得厚样品（如组织）的成像，需要加深显微镜的成像深度，可以使用光片显微镜（light sheet microscope）；而如果我们想要看清更细小的物体，则需要分辨率更高的超分辨显微镜。如今能达到低于10nm分辨率的超分辨显微技术不外乎两种：一种是STED发明人赫尔团队最近发展的三维MINFLUX成像系统；另外一种是双镜头干涉的超高分辨显微镜（iPALM），在这个方向上，笔者所在的课题组取得了重大突破。如果读者想了解课题组的更多信息，或者对探索更加"迷你"的世界有兴趣，欢迎来与我们交流，一起打开微观世界之窗，共同见证光学显微镜的分辨率极限再次被突破。

作者介绍

李依明

　　南方科技大学生物医学工程系副教授，德国卡尔斯鲁厄理工学院博士。主要从事超分辨显微成像相关领域的研究，曾在多所世界一流的光学实验室学习和工作。具备搭建显微镜所需的光机电一体化的综合的软硬件能力，开发的软件获得领域内权威挑战赛的第一名，赢得了广泛的声誉和影响力。

光流控技术学是什么

○宋潮龙

　　微流控技术（microfluidics）是一门新兴的学科，普遍应用于细胞分析、生物化学分析、微创手术、光学检测等众多领域。这项技术起源于20世纪90年代提出的芯片实验室（lab on a chip）的概念。微流控技术可以实现设备的小型化，是一种正在快速发展的技术，在单个微芯片上集成了多种实验室功能，这使得处理极少量的流体（$10^{-18} \sim 10^{-9}$ L）成为可能。与传统的实验系统相比，利用微流控技术所制作的分析检测器件具有低成本、实时性、小型化和集成化的优势，微流控技术成为近年来备受瞩目的研究方向。

　　传统的光学器件有较多的弊端，例如体积大、成本高和可调节性差等，这些缺点成为现代光学系统微型化、集成化进程的拦路虎。而微流控技术实现了在微尺寸通道内的液体操控。但在微流控芯片上，很多光学组件依然难以集成于微流控芯片系统上，因此，研究者将光学和微流控器件结合在一块芯片上，通过对液体的操控，灵活改变器件的光学特性，实现了光学系统的微型化。将微流控技术和光技术结合起来，这种多学科交叉的新兴科研手段就是光流控技术（optofluidics）。大体而言，光流控技术的研究内容可分为三个方面：一是研究光与静态液体的相互作用，二是研究光在流体中的变化情况，三是利用光对流体中微小物质进行检测和操控。下面将从这三个方面展开讲解[31]。

1. 光与静态液体的相互作用

可变焦距光流控液体透镜是一种用途非常广泛的光学元器件，常常用于光学检测、光刻和光通信等领域。用传统固体材料（如精密玻璃）制造的透镜只具有固定的参数特性，因此对于一些需要灵活改变透镜参数的场合，传统的光学透镜使用起来并不方便。由于液体具有很好的流动性和可塑性，而且液体的折射率分布非常广泛，利用液体的这些可变性质制成的可变焦距光学透镜便是常用的光流控器件之一。

图4-15展示了一种利用气压驱动原理制作的可变焦距光流控液体透镜。图4-15（a）展示的是该液体透镜的工作原理：透明基座内充满液体，当压力活塞向下移动时，活塞腔内气体压缩，左侧光学薄膜向下凹，基座内液体流向右侧，使右侧光学薄膜向上凸，当光线经过时等效为一个平凸透镜。随着左侧压力活塞的位移变化，光学薄膜的形变也随之改变，等效透镜的焦距也因此改变，从而实现透镜的焦距可调。图4-15（b）为该透镜的三维渲染图。

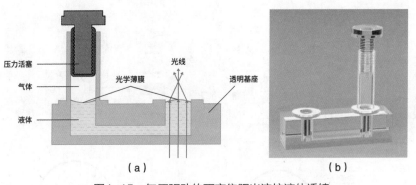

● 图4-15　气压驱动的可变焦距光流控液体透镜

（a）工作原理；（b）三维渲染图。

2. 光在流体中的变化情况

随着人们对通信需求的不断增加，通信技术也在飞速发展。光纤通信技术由于具有传输信息量大和传输速度快等优势，受到研究人员的广泛关注。光纤通信中常用的光波导（optical waveguide）就是光通信技术十分重要的组成部分。它是由精密石英玻璃材料构成的传输光频电磁波的导行结构，利用的是电磁波在折射率不同的介质临界面发生全反射，从而使电磁波被限制在波导结构中进行传输的原理。与其他固体光学元件相似，传统的光波导在制作成型后其光学特性就成为固定值，无法进行动态调整。基于光流控技术的液体光波导则克服了固体光器件难以进行特性动态调整的缺点，具有动态调节和持续可变的优势。图4-16展示了一种通过控制输入液体流量来动态调控光波导光学性质的液-液光波导[32]。

光流控波导由包层液体和芯层液体构成，各层液体由注射泵从对应的入口注入，且每层液体均可由对应的泵控制其流量。图4-16的光波导中包层液体是纯水（折射率为1.33），芯层液体是氯化钙溶液（折射率为1.44）。光信号从左侧入射，经过液体波导后从右侧射出。图4-16（a）和图4-16（b）分别为光流控芯片和实验操作装置，当改变包层和芯层液体注入口对应的泵送速度时，光线在圆形腔内的光路会发生相应变化，如图4-16（c）和图4-16（d）所示。

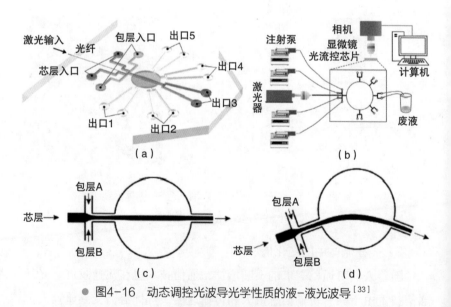

● 图4-16　动态调控光波导光学性质的液-液光波导[33]

3. 利用光对流体中微小物质进行检测和操控

光流控芯片通入液体时，可以通过改变静止液体的形状来调制光在空间的传播，液体可以利用流动液体流速的可调性和不同溶液之间的扩散性来调控光。除此之外，在生物化学领域，研究人员常常需要对溶于液体中的某些物质进行检测和操控。当光束通过溶有待测物质的样本溶液时，其光强和光谱会发生较为明显的变化，基于这种原理可以利用光技术对流体中的微小物质进行检测和操控，光流控流式细胞仪（optical flow cytometer）便是其中一个十分热门的研究领域。作为一种生物分析工具，它具有细胞计数、表征细胞的能力和分选颗粒等功能，目前已经被广泛应用于多种疾病的诊断和治疗。早在1968年，世界上第一台流式细胞仪就已经诞生，它对世界生化分析技术的研究发展起到了巨大的推动作用，尤其对细胞科学领域的研究做出了巨大贡献。但是传统的流式细胞仪体积十分庞大，操作复杂，且制造成本高，因此其应用和普及受到了较大的限制。基于光流控技术的流式细胞仪，大大减小了流式细胞仪的体积，降低了制造难度和成本，操作也更为简便，成为研究人员的新宠。

图4-17所示为流式细胞仪原理图，其基本功能之一是对单个样品进行分析。首先将混有颗粒或细胞的样本溶液注入流式细胞仪之中，此时颗粒或细胞将随机地分布在整个悬浮介质中，通过微流控技术（如流体动力聚焦的方法）使待测颗粒或细胞逐个穿过检测区域，从

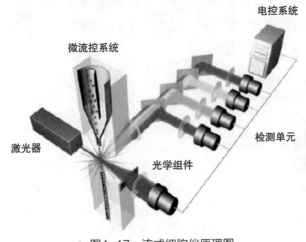

● 图4-17　流式细胞仪原理图

而被激发出光信号，实现信号的精确收集[34]。

基于光流控技术的流式细胞仪由三个部分组成：样品的流动和聚焦系统、光学检测系统和计算分析系统。流体的控制和动力聚焦由光刻技术制作的微流控芯片来实现，通过对流体施加压力（如通过注射泵加压），可以方便且可靠地在微通道中驱动样品溶液，利用鞘流聚焦的方式在微流控芯片的微通道中对待测样品进行聚焦，这种方法可以在微通道中精确地对细胞进行逐个检测。微流控芯片的尺寸可以做得非常小（微米尺度），因此基于光流控技术的流式细胞仪在样本或试剂的消耗上可以控制到很少的量，从而降低了检测成本；同时微流控芯片可以做到商业化大批量生产，使生产成本大幅降低，因此受到实验室和医疗研究所的欢迎。传统的流式细胞仪往往采用体积较大、成本较高的光学检测元件，而基于光流控技术的流式细胞仪将微型计算机分析系统和微型光学检测元件进行集成，实现对样品的光学检测和光学信号收集分析，并反馈检测结果，操作更加灵活且简单可靠，检测成本更低。

上文中我们介绍了基于光流控技术的液体透镜、光波导和流式细胞仪三种典型的应用。随着微流控技术和微纳米光子学的不断发展，以及各国市场的需求不断增加，光流控技术在生物、化学、医学领域的发展非常迅速。未来，细胞和微纳米粒子的相关探索实验更离不开光流控技术，尤其在生物分子领域，基于光流控技术的微型传感器的结构形态将越来越丰富，它在液态环境下的生物医疗检测领域也会展现出越来越大的应用优势。

✏ 作者介绍

宋潮龙

中国地质大学（武汉）教授，博士生导师。本科毕业于华中科技大学，博士毕业于新加坡南洋理工大学，此后在美国佛罗里达大学接受博士后训练。目前研究领域为微流控学，关注在微尺度下液体的传热与传质特性，并且致力于研发能够适用于测量微尺度下流体动态特征的光学检测方法与仪器。

超声波怎么听

○唐建波

看与听是我们认识世界的两个主要手段，分别对应的媒介便是光与声。正如光波分为紫外光波段、可见光波段和红外光波段，声波也按人类可分辨的频率分为次声波、可听声波及超声波。超声波技术已普遍应用于国防及我们的日常生活中，它自发现到广泛应用的过程勾勒出了人类运用科学方法探索及利用自然规律的历史。

| 超声波是如何被发现的?

几个世纪前，通过对蝙蝠的观察，人类发现了超声波。18世纪，拉扎罗·斯帕拉捷（Lazzaro Spallanzani）对蝙蝠为何能在夜间飞行并避开障碍物感到非常好奇。他设计了一系列实验[35]，发现即使双目失明的蝙蝠也能自由飞行，然而失去听力的蝙蝠却不能成功避开障碍物（图4-18）。基于这些实验结果，拉扎罗认为蝙蝠使用了人类不能听见的声波进行导航来规避障碍物，并用回声定位（echolocation）解释了蝙蝠是如何利用自身产生的声波脉冲及障碍物反射回来的声波脉冲进行定位，并避开障碍物的。

1880年，法国物理学家杰奎斯·居里（Jacques Curie）和皮埃尔·居里（Pierre Curie）兄弟发现了晶体压电效应（piezoelectric effect），为超声传感器的发展奠定了基础。1912年，"泰坦尼克号"的沉没促使人们寻求探测水底障碍物的技术。加拿大电气工程师雷吉纳德·菲森登（Reginald Fessenden）开发了一套基于超声波的船舶防碰撞系统，他将摩尔斯电码发生器改装为声波发生器，将其用于探测水底障碍物。潜水艇在第一次世界大战中的使用进一步促进了超声波技术的发展。法国物理学家保罗·朗之万（Paul Langevin）于1917年发明了基于石英晶体的高频超声波发射与接收器，并取名为水听器（hydrophone）。该技术可以有效地探测敌方潜水艇，并在第二次世界大战中得到了进一步的研究，发展为广为人知的声呐（sound navigation and ranging，sonar）技术。苏联科学家谢尔盖·索科洛夫（Sergei Sokolov）在1928年提出并验证了运用超声波实现对金属裂缝的无损探测，奠定了基于超声波探测的无损检测技术。超声波技术在医学中的应用始于1942年，奥地利神经学家卡尔·达西科（Karl Dussik）首次将超声波用于检测因肿瘤生长而引发的脑室大小的改变。此后，随着人们对超声波技术的不断改进，它在医学领域得到了广泛应用，已成为当今医疗诊断及治疗中不可缺少的重要辅助手段。

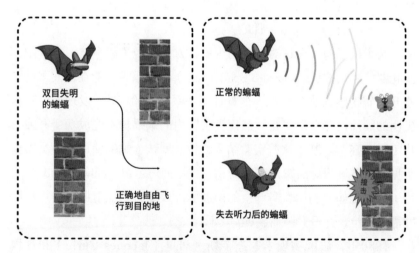

● 图4-18　斯帕拉捷的蝙蝠实验揭示了蝙蝠飞行的奥秘

　　可见，一项科学技术/物理原理从最初发现到成熟应用需要历经不懈的研究与多年的积累。

人工超声波是怎样产生和探测的？

如图4-19所示，声波按振动频率可以分为次声波、可听声波及超声波。超声波指振荡频率高于人耳所能听到的频率上限的声波，即频率高于20kHz的声波。在现今超声波技术应用最广泛的生物医学领域，所使用的超声波频率一般介于0.1～50MHz。

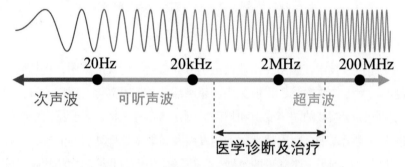

● 图4-19　次声波、可听声波及超声波

超声传感器是超声波技术最重要的组成部分，其核心部件便是基于杰奎斯·居里和皮埃尔·居里兄弟发明的具有压电效应的压电晶体。当外界压力导致压电晶体发生形变时，压电晶体会产生相应的电流信号变化。压电效应的美妙之处在于这个能量转换过程是可逆的，即当高频电流信号作用于压电晶体时，压电晶体会振荡，进而产生相应的压力变化。所以压电晶体可以用来产生和接收超声波信号。当今世界应用最广泛的超声传感器便是基于压电晶体并辅以合适的基底材料（backing material）、声阻匹配层（acoustic impedance matching layer）、超声透镜（acoustic lens）以及电路系统而组成的超声发射及探测系统。

如同在峡谷中的回声响应，超声波对物体的探测或成像也基于它在物体表面的反射。声波在不同的物质中具有不同的传播速度（v），所以通过测量超声波发射脉冲和接收到声波反射脉冲之间的时间间隔（t），即可测定反射面/物体和超声波传感器之间的距离（L），如图4-20所示。

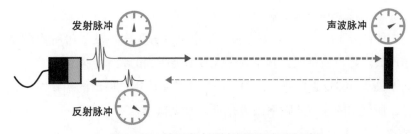

● 图4-20　基于脉冲反射的超声波距离测量

| 超声波可以用来做什么？

超声波技术在国防、工业及医学方面得到了广泛的应用，包括船舶避障、水下物体探测、无损探伤、超声清洗、超声雾化、超声溶解，以及生物医学领域的超声成像和超声无创伤治疗等。特别需要指出的是，进入21世纪以来，随着超声硬件的发展及新数据处理算法的涌现，医疗超声技术得到了突飞猛进的发展。如广泛应用于胎儿检测的凸状超声阵列探头及胎儿实时B超显影［图4-21（a）］，以及用于测量血流动态的彩色多普勒超声和功率多普勒超声。近年来，快速超声成像进一步推动了生物医学超声成像的进步，发展了功能超声用于神经科学的研究，超分辨超声技术打破了光学成像分辨力–深度的限制，实现了对全脑血管网络的数十微米高分辨率活体成像［图4-21（b）］。

此外，基于高强度聚焦超声的无创/微创治疗及定向给药［图4-21（c）］是近年来医疗超声领域的另一研究热点，已用于结石碎除、无创伤肿瘤切除，而且科学家们正在探索使用聚焦超声实现定点给药和阿尔茨海默病的治疗等。随着技术的不断进步，超声波技术将为保障人类生命健康发挥更加重要的作用。

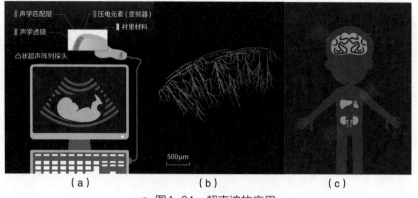

● 图4-21　超声波的应用

（a）超声阵列探头及胎儿实时B超显影；（b）超分辨超声用于小鼠脑血管成像；（c）高强度聚焦超声治疗。

作者介绍

唐建波

　　南方科技大学生物医学工程系助理教授，博士生导师，美国佛罗里达大学博士，哈佛大学医学院和波士顿大学博士后。研究方向包括光学显微和下一代超声成像与超声治疗技术的开发，以及这些技术在血管血流相关疾病研究中的应用和临床转化。

什么是湍流

○万敏平　陈永新

我们在乘坐飞机时，偶尔会遇到飞机在飞行途中突然颠簸的情况。然后，广播会及时播报："各位旅客，飞机因为受到气流的影响，有较为明显的颠簸。请您坐在座位上，系好安全带。"其实，飞机遇到的气流叫湍流（turbulent flow）。

那么，什么是湍流？

湍流是流体的一种特殊流动模式。我们生活在一个充满流体的环境中，流体和我们的生活息息相关。它有多种不同的状态，比如水是一种液态的流体，而空气则是一种气态的流体。和固体不同，流体在外力的作用下，会发生变形或流动。比如，一个杯子中的水在缓缓倒出的过程中受重力作用落下，在下落过程中，杯子中的水就不再保持原状，而是流动起来，形成一道长条状的水流。

当流体流动速度很小的时候，流体分层流动，互不混合，这称为层流（laminar flow）。但是，当流体速度逐渐增大的时候，层流变得不稳定，开始出现波浪状的摆动，且流体速度越大，层流摆动的频率及幅度就越大，此种流动称为暂态流（transient flow）。当流动速度超过一个极限时，层流结构就被完全破坏，流体开始不规则流动，形成许多大小不一的漩涡。同时，相邻流层之间不再独立，而是出现强烈的混合，这种特别的流动就是湍流。

再举一个我们生活中的例子。我们打开水龙头，如果水开得很小，水龙头中的水缓缓流下，形成光滑平稳的水流，这就是层流。随着水流的加大，流动会越来越不规则，最后水花四溅，形成湍流（图4-22）。

● 图4-22　水龙头的水流

注：从左到右，水龙头中水流的流速逐渐变大，水流由层流变成湍流。

实际上，湍流在自然界到处存在，比如快速流动的河流、汹涌的暴风云、火灾中的熊熊火焰或烟囱冒出的滚滚浓烟、宇宙中的大规模星云运动、人类动脉中的小规模血液流动等。

湍流，又称紊流，其最大的特征就是高度不规则。为了能定量地描述这种流体的运动，科学家和工程师们引入了雷诺数。雷诺数是一种表征流体流动情况的数，没有量纲。雷诺数与流体的密度、流速和特征长度成正比，与黏性系数成反比。比如，当液体黏性很大时，其雷诺数就偏小，这种黏黏糊糊的液体（如蜂蜜、沥青等）就能够很好地保持稳定的流动状态。反之，如果雷诺数很大，比如流速很快的流体，就会形成湍流。

一方面，如果我们没有掌握湍流的流动规律，它就可能具有极大的破坏性，比如造成飞机失事、大桥倒塌等，会对人民的生命和财产安全造成巨大损失。

另一方面，人们在日常生活中也常常需要用到湍流的特性。比如高尔夫球的设计，其球面不像其他球类表面那样光滑，而是布满了许多圆形的小坑。在高尔夫球飞行的过程中，周围的气流从其侧面流过，其中离高尔夫球最近的那部分气流会分离而形成漩涡，最终发展成湍流。由于高尔夫球表面设计了许多小坑，与光滑的小球相比，掠过坑洼球面的气流比接触光滑球面的更容易形成湍流，从而整体上使得气流在尾流处形成一个相对较小的分离区域。这一改变使得高尔夫球受到了较小的空气阻力，从而能够增加高尔夫球的飞行距离。图4-23展示了一个光滑圆球和高尔夫球周围流场的情况对比。

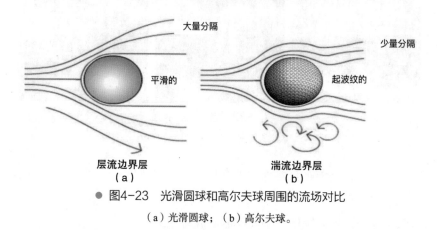

● 图4-23 光滑圆球和高尔夫球周围的流场对比

（a）光滑圆球；（b）高尔夫球。

　　既然湍流是流体高度不规则的流动现象，它又对我们日常的生产生活产生了重要影响，那么我们该怎么研究它呢？

　　现在，科学家和工程师们主要使用三种方法研究湍流，即理论研究、实验研究和数值仿真。在理论上，我们主要通过对流体运动方程进行求解或建模。为了验证所构建的理论，我们接着利用实验手段，比如建立缩小尺寸的模型，将其放入风洞或水池当中，在不同的实验条件下，通过连续拍摄的照片和物体表面传感器测到的数据，来研究流体中复杂的流动。有些实验无法在真实场景中实现，数值仿真技术就弥补了这一不足。我们可以通过编写计算机代码，将流动的现象在计算机上模拟出来，以供科学家和工程师分析。由于现代计算机，特别是超级计算机的发展，研究者们能模拟出来的流动现象更加复杂而精细，并且可以由此得到更加精确的结论。图4-24是实验和模拟的来流通过一个圆柱体的流场。

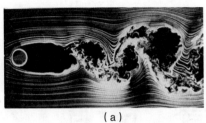
(a)

(b)

● 图4-24　来流通过圆柱体的流场对比

（a）实验；（b）仿真。

湍流是一个极具挑战性的科学问题，它被著名物理学家理查德·费曼（Richard Feynman）认为是经典物理学中最后一个未被解决的问题，也被美国克雷数学研究所评为七大数学难题之一，需要集成数学、物理和计算机等多方面的知识进行研究。我们期待着更多年轻人对湍流研究产生兴趣，早日驯服这匹"烈马"，使它为人类服务。

作者介绍

万敏平

南方科技大学力学与航空航天工程系副教授，博士。2002年本科毕业于清华大学工程力学系，2008 年在美国约翰斯·霍普金斯大学机械工程系获博士学位。主要从事湍流理论和数值模拟、计算流体力学、磁流体和等离子体流等方面的基础科学研究，也关注湍流问题在环境流体和可再生能源等领域的应用。

陈永新

南方科技大学力学与航空航天工程系博士后。2015年硕士毕业于英国南安普顿大学海洋工程专业，2020年博士毕业于南安普顿大学航空航天系，研究方向为湍流、流固耦合和计算流体力学。

飞机能"静音"飞行吗

○刘宇

人类文明在发展，生活越来越美好，但是也有不和谐之音，其中噪声是影响人们身心健康和生活质量的主要污染源之一。

乘坐过飞机或者去过机场附近的朋友肯定知道，飞机飞行的时候一点都不安静，直升机的螺旋桨高速旋转时，噪声更大。目前，随着全球航空业的迅猛发展，飞机噪声已经成为一个日益严峻的环境问题。和地面交通噪声不同，飞机在高空飞行，因此很难对其噪声进行有效的屏蔽和阻隔。

飞机噪声究竟会产生多么严重的影响呢？

让我们从"协和号"（Concorde）超音速飞机的故事说起。"协和号"是全球航空爱好者心中难以超越的一个传奇，它是由法国航空公司和英国航空公司联合研制的一款中程超音速客机，和苏联图波列夫（Tupolev）设计局的"图-144"同为世界上少数曾投入商业使用的超音速客机。"协和号"飞机在1969年首飞，1976年投入服务，主要用于执行从伦敦和巴黎往返于纽约的跨大西洋定期航线。它能够在15 000m的高空以两倍音速巡航，从伦敦飞到纽约只需不到3.5h，比普通民航客机节省超过一半时间。而且因为伦敦与纽约的时差为5h，所以搭乘"协和号"的旅客最喜欢说的一句话是："我还没出发就已经到了。"

但是，"协和号"飞机最大的问题之一是噪声特别大。首先是超音速飞行时产生的声爆（sonic boom，图4-25）传到地面时会让人感受到短暂且极其强烈的爆炸声，这足以震得玻璃哗哗响；另外，为了突破声障（sound barrier），大推力发动机也会产生巨大的轰鸣声。因为噪声过大，遭到民众的强烈抗议，"协和号"被禁止在人口稠密的陆地上空超音速飞行，很多机场都拒绝"协和号"飞机起降，这也大幅度限制了它的适用航线。可以这么说，噪声太大是导致"协和号"停产并在2003年全部退役的关键因素之一。

● 图4-25   "协和号"客机在超音速飞行时产生的声爆云

即便是普通客机，也不能忽视其噪声影响。目前国际民用航空组织、美国联邦航空局和中国民用航空局等航空管制机构均对民用飞机噪声指标做出了明确规定，满足噪声标准是民用飞机取得适航证并投入航线运营的基本条件之一。在航空史上，很多飞机因不能满足适航标准而不得不进行改进或停飞，除了上文介绍的"协和号"外，1985—1988年，世界各国有3 000多架飞机因噪声问题而停飞。为此，波音公司不得不对150架波音747的发动机进行工程修改，使飞机的成本增加了1%左右。此外，机场对于不满足噪声要求的飞机或不允许其起降，或处以高额的罚款，这又增加了飞机运营的成本。

那么飞机的噪声是如何产生的？有什么办法可以降低甚至消除噪声呢？

飞机噪声不同于我们熟知的弹性物体的振动发声，它主要来自飞机高速飞行时的湍流运动，或者湍流与飞机表面相互作用产生的气动噪声（aerodynamic noise）。湍流运动包含大量受力剧烈变化的气团，湍流也会在物体表面产生强烈的压力脉动，这些脉动力反作用于周围气体，在空气中产生声波并传播到远方。

根据发声部位不同，飞机噪声可以分为两大类：发动机噪声（aero-engine noise）和机体噪声（airframe noise）。其中，发动机噪声主要来自喷流、风扇、压气机、燃烧室和涡轮，而机体噪声则主要来自机翼增升装置（缝翼、襟翼）和起落架（图4-26）。发动机噪声一直是飞机噪声的主要来源，特别是早期的涡喷发动机。值得注意的是，在飞机降落和进场阶段，机体噪声会接近甚至超过发动机的噪声水平。这是因为飞机减速飞行时，发动机处于节油的低功率工作状态，而同时增升装置和起落架则需要全部打开。

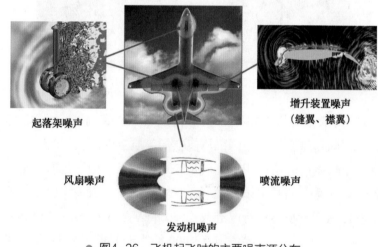

起落架噪声

增升装置噪声
（缝翼、襟翼）

风扇噪声　　　　　　　　　　　　喷流噪声

发动机噪声

● 图4-26　飞机起飞时的主要噪声源分布

一般来说，飞行速度越低、距离越远，噪声影响就越小，这也是飞机降噪的基本思路。在研究人员的不懈努力下，飞机噪声相比半个世纪前已经降低了30dB以上，这相当于其声能量不到之前的千分之一。如此显著的降噪成果主要得益于两方面：一是高性能涡扇发动机的出现使得喷流速度大大降低，这极大地削弱了普通涡喷发动机产生的噪声；二是在发动机短舱内表面安装的消声衬（noise suppression liner）可以在声音传播途径上进行吸声降噪。此外，研究人员也针对机体噪声提出了许多降噪方法，例如：缝翼凹腔填充和遮盖，缝翼尾缘的毛刷和梳齿；襟翼侧缘的障板、多孔材料和毛刷，连续襟翼消除侧缘；起落架的整流罩以及开槽和弹性整流罩；等等。这些方法虽然有效，但会减弱飞机的气动性能，属于头痛医头、脚痛医脚的思路，没有从全局出发综合考虑飞机的气动和声学性能，难以取得较大的降噪效果。

那么，有没有在飞机研发阶段就集成了声学降噪思想的整机设计呢？

笔者曾经有幸参与的"静音飞机预案"（Silent Aircraft Initiative）就基于这样的理念，它以低噪声为首要设计目标，同时兼顾了气动性能和经济性。此项目由剑桥大学和麻省理工学院联合主持，并有罗尔斯-罗伊斯、波音、美国国家航空航天局（NASA）等业界资深机构的深度参与。

"静音飞机"概念机SAX-40采用的降噪技术体现在机身设计、发动机设计、发动机/机身集成和操作方式四方面（图4-27）。

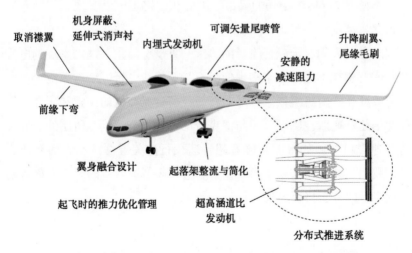

● 图4-27 "静音飞机"概念机SAX-40及其采用的主要降噪技术

机身设计方面：采用翼身融合（blended wing body，BWB）设计，以改善飞机的低速性能；前缘下弯可提供高升力且无前缘缝翼噪声，取消襟翼相当于消除了一个主要的机体噪声源；一对分开的升降副翼（elevon）在飞机进场时打开，并展开尾缘毛刷以降低机翼噪声；整流的起落架及部分密封的起落架轮轴和机轮降低了起落架噪声。发动机设计与发动机/机身集成方面：内埋的推进系统通过机身的屏蔽消除了发动机的前向噪声；分布式推进（distributed propulsion）允许使用小直径风扇和在发动机前后使用延伸式消声衬；可调矢量尾喷管使得尾喷管在进场时能完全打开，从而获得超低发动机转速和理想的推力，并降低了后向风扇噪声。此外，操作方式方面的主要措施是增大进场角（approach angle），并将着陆点内移，从而提高在机场周边的飞行高度，通过改善低速性能来降低飞行速度，同时对起飞时的推力进行优化管理，将噪声维持在较低水平。

"静音飞机"是否真的能实现静音飞行呢？研究结果表明，SAX-40大大降低了起飞和降落时的噪声，在机场周边的加权平均噪声水平值仅为63dB，相当于普通洗衣机运转时的噪声，也低于普通机场的日间环境噪声水平。绝对的静音虽然无法实现，但机场附近的居民根本感觉不到SAX-40的噪声，因此在一定程度上实现了"静音"飞行。

总之，人们对于静音飞行的追求一直没有停止，蓬勃发展的电推进技术有望在不远的将来实现低噪声甚至静音飞行。全球航空企业也没有放弃超音速飞机概念以及对新一代超音速客机的探索和研究，例如美国超音速航空国际公司与洛克希德·马丁公司正在研制的"静音超音速飞机"。如果能在静音超音速飞行的关键性技术方面有所突破，我们将有希望在未来再现"协和号"超音速客机的辉煌，静音超音速飞行的梦想将变为现实。

作者介绍

刘宇

　　南方科技大学力学与航空航天工程系副教授。北京航空航天大学硕士，英国剑桥大学航空工程博士。曾任美国伊利诺伊大学厄巴纳–香槟分校和剑桥大学博士后研究员、英国萨里大学航空工程助理教授。曾获剑桥盖茨学者奖学金，2014年入选英国高等教育学会会士、美国航空航天学会资深会员，2020年入选英国皇家航空学会会士。研究兴趣为气动声学和流动噪声控制。

科技热点篇

电子与信息篇

材料与化学篇

生物与科技篇

地球与环境篇

为什么组合结构可以实现
"1+1>2"

○侯超

伴随着国民经济的飞速发展，我国的基础设施建设也取得了举世瞩目的成就。提起一项项让国人倍感骄傲的"中国建造"，如北京中信大厦、广州塔、港珠澳大桥、干海子特大桥，以及身边的各类高层建筑、桥梁、地铁、机场航站楼……我们会发现，许多工程都采用了由两种或两种以上材料组合而成的"组合结构"作为主要承重构件，而且这些构件都取得了优越的力学性能与综合效益。

我国的国家标准《工程结构设计基本术语标准》[36]中，将"组合结构"定义为"同一截面或各杆件由两种或两种以上材料制成的结构"。当前工程建设中常见的钢-混凝土组合梁、组合板、钢管混凝土、型钢混凝土等都是典型的组合结构构件。研究者和工程设计人员认为，组合结构通过其组成材料间的相互作用，实现协同互补，充分发挥不同材料的优势，可以更为经济地实现结构的安全性、耐久性与可施工性，契合了现代结构高强、大跨和轻质的发展趋势。人们通常更为形象地说，组合结构具有"1+1>2"的效果。

那么，为什么组合结构可以实现"1+1>2"呢？我们通过两个简单的小实验来获得一些直观体验。

| 实验一：纸筒承重小实验

如图4-28所示，我们用四张A4纸大小的橙色彩纸做成两个相同

的纸筒A和B（即每个纸筒由两张彩纸卷成）。纸筒A不做任何处理，如图4-28（a）所示；在纸筒B的中段高度，我们塞入一些带黏性的松软面团，如图4-28（b）所示。其后，我们分别将两个纸筒竖立在桌面上，进行书本承重测试。我们发现：空纸筒A在承重2本书时，便如图4-28（c）所示，在纸筒上部产生了明显的褶皱破坏——局部屈曲，无法承受更多重量；而中段填充面团的纸筒B在承重4本书时，仍未发生破坏，如图4-28（d）所示。

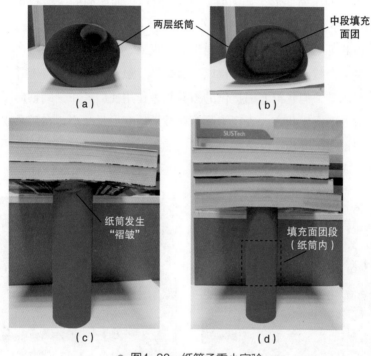

● 图4-28　纸筒承重小实验

（a）空纸筒A；（b）中段填充面团的纸筒B；（c）纸筒A承重2本书时的情景；（d）纸筒B承重4本书时的情景。

　　由此可见，中段填充面团的纸筒B比空纸筒A的轴向承载能力提高了至少1倍。有趣的是，面团只填充在纸筒B的中段附近，并未直接参与承重。其原因在于，面团虽未直接承受书本的重量，但它的存在为中段纸筒提供了有效的内部侧向支撑。因此，有了面团的帮助，同样的纸筒可以轻松地"举起"更多的书本。

| 实验二：家用清洁海绵承重小实验

如图4-29所示，准备两个生活中常用的、厚度为28mm的家用清洁海绵，并将其裁成两个直径为60mm的圆柱体。海绵A不做任何处理；海绵B则沿其环向缠绕宽度为25mm的塑料带。其后，我们将两个同样装满500mL矿泉水的水瓶分别置于两个海绵圆柱体之上，如图4-29所示。我们发现：未做任何处理的海绵A在矿泉水瓶的压力下产生明显的压缩变形，如图4-29（a）所示；而四周缠绕塑料带的海绵B在同样重量下的变形明显减小，如图4-29（b）所示。

由此可见，海绵在环向塑料带的约束下，承受相同荷载时产生的变形量大大减小，即其刚度得以显著提升。虽然四周的塑料带并未直接参与承重，但它给海绵提供的被动约束作用使后者在受到轴向压力作用时处于围压状态，表现为同等荷载下的变形量减小，在矿泉水瓶之下"挺直了腰板"。事实上，三向受压下海绵的承载能力也会相应提高，通过对本实验进行适当调整，也可以直观地证明这一点。

500mL矿泉水

海绵

海绵产生较大的压缩变形

（a）

500mL矿泉水

环向缠绕塑料带　海绵

海绵的压缩变形明显减小

（b）

● 图4-29　家用清洁海绵承重小实验

（a）海绵A；（b）四周缠绕塑料带的海绵B。

以上两个小实验表明，组合结构并不是不同材料的简单叠加，而是基于材料各自的特性，将其有机地组合起来，取长补短，实现协同工作。

以典型的钢管混凝土为例。由外钢管填充核心混凝土而成的钢管混凝土，很好地发挥了从以上实验中观察到的"组合作用"优势：钢管对核心混凝土的约束作用，使后者处于复杂应力状态之下，强度、塑性和韧性均得到改善；而混凝土延缓或避免了钢管过早地产生局部屈曲，使材料性能得以充分发挥[37]。研究表明，在多数工况下，设计得当的钢管混凝土可以产生"1+1＞2"的结构效果。笔者曾开展过钢管混凝土的侧向局部受压强度研究，典型结果如图4-30所示。钢管混凝土构件的侧向局压承载力远大于相应的空钢管和混凝土构件，其承载力是空钢管试件的28.6倍，是混凝土试件的3.4倍，约是后两者承载力之和的3倍。

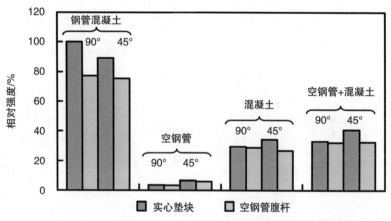

● 图4-30　不同类型构件在典型侧向局部荷载下的强度对比

随着组合结构研究与实践的发展，如何深入认识材料间非线性相互作用的力学实质，如何对传统结构之外的新型高性能材料进行合理组合，受到越来越多的关注[38-39]。可以预见，新型、高性能组合结构仍将是现代结构工程的重要发展方向。前辈们常说，"结构有形，梦想无限"。组合结构可以实现"1+1＞2"的神奇特性，为结构工程技术的发展与创新提供了广阔空间。在想象力的指引下，这一特性将继续帮助人类上天入地，探索海洋和太空，拓展生存与文明空间。

作者介绍

侯超

　　南方科技大学海洋科学与工程系副教授，博士生导师。分别于2009年、2014年在清华大学土木工程系获得工学学士与工学博士学位；2015年进入悉尼大学土木工程学院担任助理讲师，并于2017年晋升为讲师、博士生导师。主要研究领域为海洋工程结构、钢–混凝土组合结构、工程结构全寿命期设计理论等。

地球与环境篇
Earth and Environment

05

南海是怎么形成的

○丁巍伟

我国很早就有记载南海的文字，西周时期记叙召穆公平定淮夷的《大雅·江汉》便有"于疆于理，至于南海"一句。随着航海技术的发展，我国对南海的开发和认识也逐渐深入。

现今的南海位于中国南方，是中国最大的边缘海（其他两个为东海与黄海），也是西太平洋最大的边缘海，自然海域面积达到350万km²。南海也是中国边缘海中水深最大的，平均水深近1 200m，最大水深可达5 500m。南海的北边是我国的华南大陆，东边隔着菲律宾群岛与太平洋相望，南边被包括加里曼丹、巴拉望在内的大型岛屿围限，而西边则是狭长的中南半岛。

南海既有宽广平坦的大陆架，也有遍布海山的洋盆；既有深邃的向东俯冲的马尼拉海沟，也有在洋盆中央高耸的海山。而且在南海的万顷碧波中，还有像朵朵莲花、颗颗珍珠一样散布的美丽岛屿，包括东沙、中沙、西沙和南沙群岛，它们闪耀着独特的魅力，令人神往。

┃ 南海究竟是怎么形成的呢？

要想理解南海的形成过程，就需要简略了解下地球科学中最重要的板块构造理论。几十亿年来，地球上的陆地始终处于运动之中。地球是分层的，地球浅表的岩石圈是刚性的，而其下面的物质则呈塑性状态，形成软流圈。由于地幔的对流作用和重力作用，相对较为刚性的岩石圈会像大海上的船一样，被软流圈驮着运动。

在中生代，即恐龙在地球上盛行的侏罗纪–白垩纪，紧挨着中国所在的欧亚板块的东侧和东南侧是浩瀚的古太平洋。太平洋板块一直向西运动，并和欧亚板块发生了碰撞，由于洋壳的密度要高于陆壳的密度，太平洋板块就"钻"到了欧亚板块的下部，这在地质学上被称为"俯冲作用"。深部炽热的岩浆会在俯冲带的后方冒出来，在中国东部，从浙江省到广东省，就形成了很多连绵不断且十分壮观的火成岩山脉。当时中国的地貌并不像现在这样西高东低，而是东高西低。现在的浙江省、福建省和广东省境内还有很多这样的山脉，只不过它们因为经历了长时间的风化和剥蚀作用，变得比以前矮多了。所以在中生代，中国的南边并不是现在的南海，而是广袤的古太平洋。

到了中生代晚期，古太平洋开始往东退，使得华南大陆的陆缘开始发生拉张。我们可以把华南陆缘想象成一块"饼干"，中生代早期，古太平洋把这块"饼干"往里挤，而到了中生代晚期，古太平洋开始把这块"饼干"往外拉，"饼干"被挤压和拉扯成了小碎块，碎块之间形成了沉积盆地，比如莺歌海盆地以及南海北边有很多油气田的珠江口盆地都是通过这种方式形成的。当然这块"饼干"并不是整块都是脆脆的，它是半块掰开且带着夹心的"奥利奥饼干"：上层的"饼干"（上地壳）硬度很高，是脆性的，一拉就断；下层的"奶油酱夹心"（下地壳）硬度不高，但是延展性非常好。不同的层位拉张的方式不一样，拉张量随着深度发生变化，在地质学上这种伸展模式称为"分层差异伸展"模型，与以大西洋为代表的均一伸展模型并不一致（图5–1）。

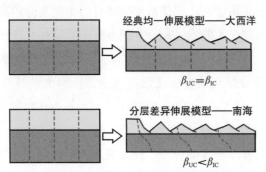

● 图5–1　南海陆缘的分层差异伸展模型（蓝色线为参考线）

"奶油酱夹心"虽然延展性相对更好，但最后还是会被拉断。这个时候软流圈地幔里炽热的岩浆开始向上涌出地表，并冷却形成洋壳，而后续持续上涌的岩浆会把新形成的洋壳向两边推开。洋壳越来越厚，范围也越来越大，南海就此诞生，并渐渐成长。这样的过程在地质学上被称为"海底扩张"，大西洋就是通过海底扩张的方式把北美洲、南美洲和欧洲、非洲分开，并发展成现在浩瀚的大洋的。

但是南海却和大西洋不一样，它的四周都是一些大板块，比如北边是欧亚板块，东边是太平洋板块，西南边是印度–澳大利亚板块，它的成长过程被这些邻居影响，充满了艰难坎坷。北边的欧亚板块特别重，南海往北没有发展空间，只能推着中沙群岛、西沙群岛、南沙群岛和巴拉望岛往南边走。中沙群岛和西沙群岛慢慢就停在了距离现在华南地区不太远的位置，而南沙群岛和巴拉望岛一直被向南推。这样的拉张过程在地质学上被称为"非对称扩张"，即岩浆涌出的洋中脊并不是不动的，而是会向南跳跃，而且扩张的方向也因为周围大块体邻居的影响而发生了多次的变化。这也是洋中脊北边的洋盆较宽、洋中脊南边的洋盆较窄的原因。

这样的拉张过程持续了大约1 700万年，但是最终还是被加里曼丹岛给挡住了，南海最终停止了海底扩张。后续岩浆从洋盆里面冒出来，形成了现今在洋盆里广泛分布的海山，有些甚至连在一起，形成了连绵几百千米的海山链。

当时（1 500万年前）的南海面积至少是现今的南海的两倍，东部仍然与太平洋相连接。但是东南边却有一个更大的洋盆——菲律宾海盆地开始向欧亚大陆漂过来，并把南海东部压在了自己的身下，而它们交界的地方就是南海水深最大的马尼拉海沟。菲律宾海板块的持续运动最终导致与欧亚板块发生碰撞，南海也最终形成了现今的地貌。

| 未来南海会变成什么样子？

科学家们有着很多的推测，比如几千万年之后，由于印度–澳大利亚板块向北推和太平洋板块向东拉，南海面积会变得越来越小。但与地质过程动辄需要几千万年相比，人类的历史显得过于短暂。南海将来的变化，人类无法在短时间内感知。

✎ 作者介绍

丁巍伟

　　自然资源部第二海洋研究所自然资源部海底科学重点实验室副主任，兼任浙江大学和上海交通大学教师，研究员，博士生导师。主要从事包括南海、东海在内的大陆边缘的动力学研究。

如何用物理方法解密海洋

○桑亚迪　徐柳娜　雷雯

地球是一颗蓝色的星球，其表面2/3的区域是一望无际、深不见底的海洋，它藏着很多奥秘。

我们探索海洋，不仅要研究蓝色的海水，还要探究由水圈、生物圈和岩石圈构成的复杂圈层系统。但是，受海水限制，人类只能通过间接手段，逐步探索和解密复杂的海洋系统。其中，物理方法是认识海洋的一双"慧眼"。

海洋地球物理学是一门将各种物理学的理论和方法运用到海洋探测中，借助相应的声、光、电、磁、重力、温度等的测量仪器，收集海洋内部及海底以下不同介质的物理特征及变化，来认识和探索海水的温盐性质、海底形态、构造、地球物理场特征、地质演化以及洋壳结构的学科。

海水之下有着丰富的地质构造体系，包括众多板块边界和扩张中心、世界上最长且最深的海沟和最长的山脉等。第二次世界大战后，随着海洋探测技术的发展，海洋地球物理学家们通过不断探测，有了许多重要发现。其中，洋中脊两侧对称的海底地磁条带（图5-2）为海底扩张学说提供了有力的证据，揭示了洋盆的发育历史，促进了全球板块构造理论的诞生。海洋地球物理学也就此站在了地球科学大革命时代的风口浪尖。

海底扩张持续进行，其间地磁场极性反复倒转，形成以洋中脊轴为中心向两侧推移的正负相间排列的磁异常条带。

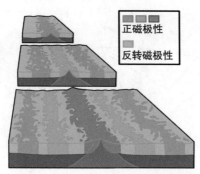

● 图5-2　海底地磁条带的形成过程

　　21世纪，海洋地球物理学的发展更是日新月异。海洋深处有很多资源，包括多金属结核、块状热液硫化物矿床——"海底黑烟囱"、海底生物圈、天然气水合物等。海洋中还蕴藏着丰富的矿产资源、基因资源和新型能源，它们无论是分布于海底表面，还是贮藏在海洋沉积层中，我们都能通过海洋地球物理探测技术，将它们用高分辨率的图像呈现在我们眼前。

　　近年来，随着科技的快速发展，用物理学的理论和探测方法揭秘海洋取得了巨大的进步并逐渐趋向成熟，它主要包括以下几种方法：

　　（1）海洋地震探测。海洋地震探测是利用设在岸上或海底的海底地震仪（OBS）获得天然地震波或人工激发的地震波，来研究地震波在海底地层、岩石等界面中的传播规律，从而推断海下岩层的详细构造（图5-3）。

　　（2）海洋重磁探测。海洋重磁探测包括海洋重力探测和海洋磁力探测。海洋重力探测是将陆地重力仪安放在船上或潜水艇上，或密封后置于海底进行观测，从而获得海下岩层质量的不均匀性；通过测量数据分析重力异常分布特征，从而研究地壳结构和形态，寻找海底矿产。在海洋重力探测无法到达的区域还可以使用日益完善的卫星重力测量技术。

　　海洋磁力探测是用调查船搭载磁力仪进行海洋磁力观测，通过获

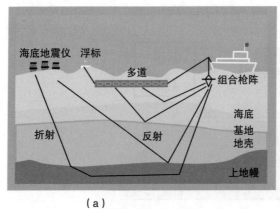

（a）　　　　　　　　　　　　　　　　　　　　（b）

● 图5-3　海洋地震探测原理示意图及设备

（a）海洋多道地震勘探原理示意图；（b）海底地震仪（OBS）。

得的海底岩石和矿石产生的磁异常，探索海下地质特征。

（3）海洋地球物理测井探测。海洋地球物理测井探测是运用各种测井方法（声、光、电、放射性测井等），使用特殊仪器，沿所钻井壁对海底地层进行观测研究，寻找油气和其他矿产资源的探测方法。

（4）海洋电磁探测。海洋电磁探测适用于那些深埋的小型异常区，以及密度、地震波速度、磁化强度等性质与周围岩石差异很小的地区，主要测量的是地质构造的电阻率。

（5）海底地热流探测。海底地热流探测是测量海底地温梯度值和热导率，求得海底地热流量，从而反映地球内部的热状态，它有助于对海洋岩石圈结构进行研究。

（6）海洋水深探测。海洋水深探测采用回声测深仪，利用发射声波的装置向海中发射声波，由船底换能器接收海洋与海底不同界面的反射。目前主要有多波束测深、侧扫声呐和海底地层剖面技术，主要用于研究海底地貌和海水深度。

（7）物理海洋学与海洋物理学。物理海洋学主要研究各种尺度的海水运动的规律以及发生在海洋中的流体动力学和热力学过程。海洋物理学主要研究海洋中声、光、电的传播规律和机制，以进行海洋探测和研究海洋各圈层系统间的相互作用。

开展现代海洋地球物理探测，通常以科考船、载人深潜器（HOV）、自治式潜水器（AUV）、遥控潜水器（ROV）作为海洋调查平台，搭载各类海洋地球物理仪器及设备，沿航线同时进行地震波、声波以及地球重磁力场等地球物理信号的采集，收集不同界面处不同地质体的物理特征及变化，或直接进行海底形态及地貌观察（图5-4）。它在研究海水温盐结构、海底形态、构造、洋壳结构，海底矿产资源勘探，海洋工程开发以及海洋军事活动等方面都发挥着无可取代的作用。

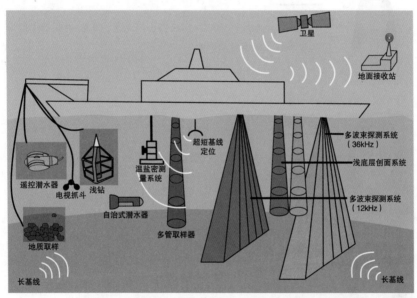

● 图5-4　海洋地球物理海上作业设备及原理示意图

目前，洋陆过渡带、海陆相互作用等是海洋地质学的热点问题。中国的地理条件得天独厚：西太平洋边缘海系统集中了全球75%的边缘海盆地，南海更是被誉为研究海洋地质学的天然实验室。这更加需要精确和广泛的海底地貌及结构特征的支持。此外，当今世界各国尤其是发达国家激烈争夺海洋资源，海洋战略地位不断升级，中国海上资源丰富，油气、天然气水合物等资源分布广泛，但在海底矿产资源的探测、开发与利用等方面还面临着许多挑战。

海洋地球物理调查是人类进行一切海洋活动的依据和保障。20世纪，海洋地球物理曾引发了一场地球科学的大革命，在海洋科学领域大放异彩。21世纪，在这个认识、探索、开发海洋的新时代，海洋地球物理学必将起到更重要的作用！

作者介绍

桑亚迪

浙江大学海洋学院2020级硕士研究生，本科毕业于中国海洋大学海洋地球科学学院。

徐柳娜

浙江大学海洋学院2020级硕士研究生，本科毕业于山东科技大学地球科学与工程学院。

雷雯

浙江大学海洋学院2020级硕士研究生，本科毕业于山东科技大学地球科学与工程学院。研究方向为地震与电磁联合反演。

大洋钻探可以获知地球的哪些秘密

○孙珍

　　地球表面2/3是海洋，海底岩石中不仅含有人类赖以生存的油气和矿产资源，还储存着地球系统演化的密码。为了获取这些密码，科学家们利用地震、重力、磁力、电磁等地球物理方法，对地球内部性质进行成像。研究海洋，需要用特殊的大洋钻探船才能获取海底以下的沉积物和岩石样品，并进一步了解地质结构、组成和演化历史。

　　大洋钻探计划的产生具有一定的偶然性。1957年4月，以哈里·赫斯（Harry Hess）为首的科学家在加利福尼亚州拉荷亚市沃尔特·蒙克家的一次早餐会上聚首，当聊到洋盆里地壳厚度要比陆地薄很多时，他们首次提出了在洋盆里打钻，以直达莫霍面（Moho）和上地幔的想法。这需要开发包括动力定位技术在内的一系列新技术，以保证大洋钻探船在钻探时的位置稳定。1961年3—4月，科学家在东太平洋瓜达卢佩岛外海，利用"古斯1号"（CUSS 1）钻到了几米长的玄武岩，此举引起了极大的轰动，让人们意识到大洋钻探的重要意义。

　　后续系列钻探计划经历了深海钻探计划（DSDP，1968—1983年）、大洋钻探计划（ODP，1985—2003年）、综合大洋钻探计划（IODP，2003—2013年）和国际大洋发现计划（IODP，2013—2023年）四个阶段，逐渐演化成以钻探为主、以观测为辅的综合研究计划。中国在1998年加入钻探计划，目前该计划已有14个成员参与。目前该计划主要使用的大洋钻探船是美国的"决心号"和日本的"地球号"（图5-5）。

（a）　　　　　　　　　　　　（b）

● 图5-5　IODP现役大洋钻探船

（a）美国现役"决心号"；（b）日本现役"地球号"。

在过去的60多年里，大洋钻探取得了一系列重大发现，下面介绍钻探发现的几个重要实例。

第一个实例是科学家们利用大洋钻探证实了"海底扩张说"。"海底扩张说"最早由美国学者哈里·赫斯和罗伯特·迪茨（Robert Dietz）在1961年提出。第二次世界大战爆发后，赫斯成为"开普·约翰逊号"军舰舰长。他指挥军舰利用声呐测深技术对途经的洋底进行探测，发现海底有很多平顶海山。这些平顶海山，离洋中脊近的比较年轻，山顶水深小；离洋中脊远的，年龄大且山顶水深大。赫斯据此推测，洋底就像是运动的传送带，洋中脊是地幔上升流涌向地表的地方，海沟是地幔下降流返回地球内部的地方。洋壳在洋中脊处形成以后，向其两侧漂离，并在海沟处俯冲消亡。而陆地由于密度小，不易发生俯冲，因此多数陆地年龄都较大，但洋盆年龄大多较小（小于2亿年）。这就是著名的"海底扩张说"。为了验证这一假说，从1968年至1983年的15年间，"格罗玛·挑战者号"钻探船在全球完成了96个钻探航次，证实了"海底扩张说"。

第二个震撼全球的实例发生在2004年夏天，这是人类第一次在北极点附近开展大洋钻探。为了实现北冰洋钻探，三条破冰船联合开展了"海冰"大战（图5-6），俄罗斯的原子能破冰船"苏联号"一马当先，将海冰破开，瑞典破冰船"澳登号"负责碎冰，挪威破冰钻探船"维京号"负责钻井。科学家们历尽艰辛劈开冰路后发现，如今万里冰封的北冰洋在5 000万年前居然是个生物繁茂的温暖湖泊，水面上存在着大量生长于热带、亚热带的淡水蕨类植物满江红（azolla）[40]，且中始新世地层为黑色，富含有机质。

● 图5-6　三条破冰船联合作战，开展北冰洋钻探[41]

北冰洋虽然在世界各大洋中面积最小，水深最浅，面积只相当于太平洋的1/14，但是具有广阔的大陆架，资源丰富。初步计算发现，北冰洋的海底可能蕴藏着超过90亿t的油气资源，占全球未开发油气储量的1/4[42]。

第三个影响力极大的钻探实例发生在2016年。科学家们在墨西哥湾尤卡坦半岛附近的陆地和海上发现了一个巨大的陨石坑，即希克苏鲁伯（Chicxulub）陨石坑（图5-7），该陨石坑深900m，直径大约180km。初步调查发现，这个陨石坑与大约6 500万年前白垩纪—

古新世之交的陨石撞击地球事件有关，科学家推测该陨石直径大约 10km，大碰撞相当于 10^6 万亿 t TNT 炸药爆炸。科学家们推测，碰撞造成气候环境骤变，恐龙也可能因为这场灾难惨遭灭绝。

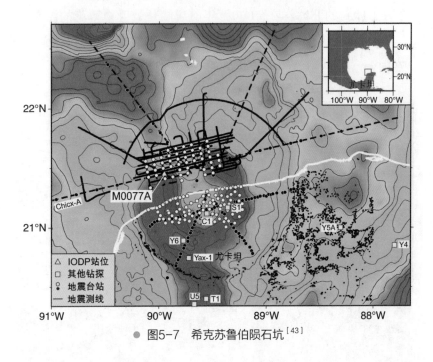

● 图5-7　希克苏鲁伯陨石坑[43]

　　为了进一步验证陨石撞击与生物大灭绝的关系假说，2016年4—5月，"任务特定平台"（mission specific platform）钻探了希克苏鲁伯陨石坑，并成功验证了上述假说。

　　为了探索南海的形成过程及其历史上的气候环境变化，中国科学家在南海开展了4个正常航次和1个补充航次的钻探工作。1999年，ODP184航次揭示了南海3 000万年以来的气候变化，发现了季风的低纬度驱动效应。2014年，IODP349航次对南海洋盆的扩张过程进行了钻探，证明了南海东西两个洋盆结束扩张的年龄大约为1 600万年。2017年，IODP367航次和IODP368航次对南海由陆地变为海洋的时间进行了钻探，发现在南海演化过程中有大量的岩浆参与。

　　目前，全球科学家一致认为，大洋钻探是推动地球科学革命的重要手段，且将在今后很长一段时间里继续起到关键的推动作用。2019年7月，科学家们撰写和审阅通过了新的大洋钻探白皮书《2050年科学框架：大洋钻探—探索地球》。它明确提出了7个战略目标、5个旗舰计划和4个保障要素。7个战略目标包括星球宜居性及生命起源、构造板块的海洋生命周期、地球气候工厂、地球系统中的反馈、地球历史上的转折点、全球能量和物质循环、影响社会的自然灾害，5个旗舰计划包括地面验证未来气候变化、探索地球内部、评估地震与海啸灾害、诊断海洋健康、探索生命及其起源，4个保障要素是指更广泛的影响力、从陆地到海洋、从地系到地外星系、技术发展与大数据分析。

在可预见的未来，大洋钻探将为我们带来更多全新的地球科学发现。

✎ 作者介绍

孙珍

中国科学院南海海洋研究所博士，研究员，博士生导师。国际大洋发现计划367航次首席科学家及科学评估委员会委员，大洋钻探计划核心工作组成员，全球海洋钻探未来科学规划白皮书评审专家。研究兴趣为陆缘和洋盆的构造、变形、岩浆活动及沉积响应，发表论文100多篇。

地磁场要倒转了吗

○姜兆霞　刘青松

　　大家对指南针一定不陌生，它是中国古代四大发明之一。它的作用，顾名思义，就是指示方向。指南针的发明大大推动了我国古代航海事业的发展。但是，可能有些人并不知道指南针为什么可以指示南北方向。如果我们把指南针放到月球或者火星上，它还能不能准确地指示方向？回答这些问题的终极核心，就是地磁场。

　　地磁场是地球的基本物理场之一，距今已经有几十亿年的历史了。地磁场可近似地认为是偶极子磁场，就像在地心处放置了一块条形磁铁（图5-8）。但实际上，地磁场远比条形磁铁复杂。那它是怎么产生的呢？地磁场主要是由液态外核的铁镍流体缓慢对流产生，这一观点源自地磁发电机理论，它受核幔边界、内外核边界以及地球自转的影响。磁力线从地磁场的北极发出，回到地磁场的南极。现今地磁场的北极位于地理的南极，地磁场的南极位于地理的北极。因此根据磁场"同极相斥，异极相吸"的特征，当把指南针放在地面上的时候，它的南极会向地磁场的北极偏转，也就是地理上的南极，这就是指南针可以指南的原因。由于现今月球和火星上的"地磁发电机"已经停止工作，没法形成全球性的磁场，所以如果我们把指南针放到月球或是火星上，它就失灵了。另外，对于地球上的某些生物来说，地磁场就是一个覆盖全球的"天然定位系统"，可以为候鸟迁徙、信鸽归巢、海龟洄游等提供导航。

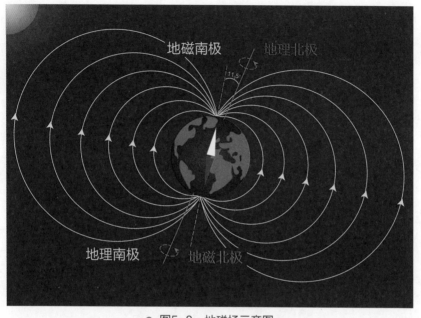

地磁南极　地理北极

地理南极　地磁北极

● 图5-8　地磁场示意图

　　由于地磁场看不见摸不着，因此很多时候大家都忽略了它的存在。但是地磁场就像一位默默无闻的守护神，穿越厚达3 000km的地幔与地壳到达地表，并远远延伸到太空中，在地球周围形成了一个漂亮的保护罩。地磁场在靠近太阳一侧，范围能达到10个地球半径（地球半径为6 371km）；而在远离太阳一侧，范围可以达到上千个地球半径。带电粒子遇到磁场后运动方向会发生偏转，而巨大的地磁场把地球包裹其中，保护着地球和地球上的生命。一方面是避免外来的高能带电粒子入侵，另一方面是减少大气层中的带电粒子逃逸。一旦地磁场变小、变弱，其保护作用也会随之变小。因此，地磁场是地球上生物生存的重要保障，它可以保护地球大气层，使其免遭太阳风、宇宙射线等的冲蚀而不至于消失殆尽。

　　那么地磁场是不是一成不变的呢？答案是否定的，其方向和强度随时间的流逝存在系统演化。地磁场的方向可能会发生180°偏转，南北两极发生对调。与现今的地磁场方向一致的地磁场被称为正极性磁

科技热点篇

电子与信息篇

材料与化学篇

生物与科技篇

地球与环境篇

199

场，而与现今地磁场方向相反的磁场被称为负极性磁场（图5-9）。与地磁场倒转相伴的是地磁场强度的降低。在过去的8 300万年间，地磁场共倒转了183次，而且没有明显的规律。最近的一次地磁场倒转发生在78万年前，此后地磁场保持至今。

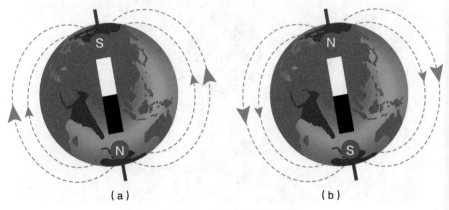

● 图5-9　地磁场倒转示意图

（a）正极性磁场；（b）负极性磁场。

　　但堪忧的是，最近400年的地磁场监测数据显示，地磁场的强度一直在降低，尤其是2000年以后，其强度迅速降低。另外，*Nature*杂志在2019年1月发表的一篇题为 "Earth's Magnetic Field Is Acting up and Geologists Don't Know Why"（《地磁场在"耍脾气"但地质学家不知道为什么》）的文章介绍，从1980年开始，地磁北极移动速度加快，以大约55km/a的速度从加拿大向西伯利亚移动，于2001年进入北冰洋，2018年已越过国际日期变更线进入东半球，目前还在径直向西伯利亚运动（图5-10）。由于地磁北极移动过快，地磁学家不得不提前更新世界地磁模型，以确保出入北极圈附近的船只、飞机和潜艇导航无误。于是，有些人就提出：地磁场的这些异常行为是不是暗示地磁场要倒转了？倒转的机理是什么？如果地磁场倒转了，是不是会对地球上的生物产生毁灭性的打击？地球上的生物和导航系统会不会进入"找不着北"的混乱状态？

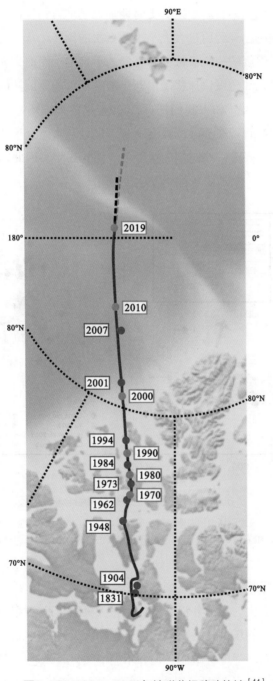

● 图5-10　1831—2019年地磁北极移动轨迹[44]

首先，我们来看看地质历史时期地磁场倒转的特征。在已有的记录中，地磁场已经经历过大大小小数百次的倒转，几乎每次倒转都对应着地磁场强度的一个极低值和方向的不稳定。因此，大家根据地磁场的强度变化和磁极快速移动推断出地磁场可能要倒转的结论并不是无稽之谈。不过，如果我们把近7 000年来的地磁场强度记录放在一起，会发现尽管现在地磁场强度下降，但是基本还处于地磁场平均值范围内，远远高于一些时期的极低值（图5-11）。因此，根据目前的数据，并不能推断地磁场即将发生倒转。

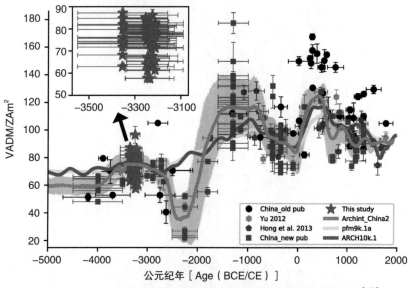

● 图5-11　7 000年来地磁强度已发表结果和全球模型预测对比[45]

注：VADM代表地磁场虚轴向偶极矩，即地磁场强度；橘色曲线为更新的中国地磁场考古强度变化参考曲线（Archint_China2）；黄色和灰色曲线为全球模型预测曲线（pfm9k.1a和ARCH10k.1）。

其次，尽管电影中地磁场倒转的后果很恐怖，但实际上影响并没有想象的那么大。目前并没有发现生物大灭绝与地磁场倒转有明显的对应关系，地磁场倒转的次数远大于生物大灭绝的次数。在地磁极倒转期间，地磁场强度会减弱，但并不会消失，因此地磁场倒转对生物不会造成毁灭性的打击。例如，1万年前，地磁场曾发生过一次短暂的倒转，我们称之为"哥德堡反极性事件"。该次倒转时间正好是新石器时代的开始，然而它并没有给人类文明发展带来灾难性的影响。对于依靠地磁场来导航的生物，也许它们会出现短暂的混乱，但是相信它们会很快适应新的磁场。

总之，未来几百年内地磁场完全反转的可能性极低。不一定会发生倒转，即使发生局部偏移，对生物系统的影响也是很有限的，不需要过分担心。而且对于住在中低纬度的我们，可能还会有一个福利，就是能在家门口欣赏到极光。

✎ 作者介绍

姜兆霞

中国海洋大学教授，国家优秀青年基金获得者。主要研究方向为古地磁学及其地质应用。2008年在中国海洋大学获得学士学位，2014年在中国科学院地质与地球物理研究所获得博士学位，之后继续在中国科学院地质与地球物理研究所做博士后研究。2017年通过中国海洋大学"青年英才工程"引进计划回到中国海洋大学工作。

磁细菌体内为什么生长磁小体

○李金华

地球和其他行星不一样，它除了有磁场外，还有生命。

地磁场已经存在了至少35亿年，它起源于地球内部，伸向高空，像一把巨大的伞，保护地球免受来自太阳的高速带电粒子（也叫太阳风）的危害。在与地磁场协同演化的过程中，许多生物演化出利用地磁场的能力。比如：信鸽、知更鸟、大马哈鱼、海龟、蜜蜂等动物可以利用地磁场的导向作用，进行长距离的迁徙或洄游；古代中国人还发明了指南针，利用地磁场的指向作用在大海上导航。

那么，尺寸微小、结构简单的微生物能不能感知地磁场呢？

1963年，意大利学者萨尔瓦多·贝利尼（Salvatore Bellini）在湖泊沉积物中意外发现了一类对地磁场敏感的微生物，他给这类微生物取名为"磁敏感细菌"。1975年，美国微生物学博士理查德·P. 布莱克莫（Richard P. Blakemore）在研究海底污泥中的螺旋菌时，再次观察到这类微生物。他发现，在光学显微镜下，这类微生物会沿外加磁场方向游泳并聚集在水滴边缘。这类微生物能在细胞内合成十几个纳米尺寸的磁铁矿（Fe_3O_4）晶体颗粒，而且这些颗粒排列成一条链状结构。因此，布莱克莫博士把这类细菌命名为"趋磁细菌"（magnetotactic bacteria），并把其细胞内合成的这种纳米小磁铁称作"磁小体"（magnetosome）（图5-12）。

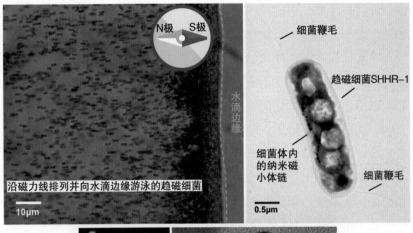

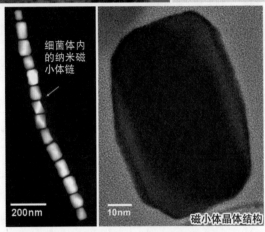

● 图5-12 秦皇岛石河入海口发现的一种杆状趋磁细菌（SHHR-1）及其细胞内合成的纳米磁小体链

趋磁细菌被发现后，引起了不同领域科学家极大的兴趣。

为什么趋磁细菌要沿着磁场方向游泳？

布莱克莫博士当时发现趋磁细菌的地方，在美国马萨诸塞州巴泽兹湾港口（Buzzards Bay），该港口位于北半球，而北半球的地磁场方向是倾斜向下的。因此，当时的科学家推测，北半球的趋磁细菌顺着磁力线方向朝向磁铁的S极游泳，有利于它们向水体或沉积物的底层运动，从而使它们能快速地找到最适合自己生存的环境（比如厌氧或者微好氧环境）。为了证实这个假说，科学家们从两个方面去做研究。一方面，通过实验室观测和生理生化研究发现，趋磁细菌的确是一类不喜欢氧气、兼性厌氧或专性厌氧生长的微生物，它们集中分布在水体或者沉积物中的一个非常窄的"有氧-厌氧界面"（oxic-anoxic interface, OAI）附近。另一方面，通过对南半球和赤道区域的趋磁细菌进行对比研究，可知：在南半球发现的趋磁细菌多逆磁力线方向，朝向磁铁的N极游泳；而在赤道附近发现的趋磁细菌，既有沿磁力线方向游泳的，又有逆磁力线方向游泳的。这有助于把细菌的游泳方向限定在一个近似二维的空间中，从而让它们只倾斜朝下游泳。我们也把北半球的趋磁细菌称作"趋北型"趋磁细菌，把南半球的趋磁细菌称作"趋南型"趋磁细菌。

随着研究的不断深入，科学家们逐步认识到趋磁细菌的"趋磁性"可能并不简单。2006年，美国一个研究小组在美国马萨诸塞州的法尔茅斯（Falmouth）的一个盐池中发现了一类趋磁球菌。与其他"趋北型"趋磁细菌相反，这类趋磁球菌居然属于"趋南型"趋磁细菌。将北半球的趋磁细菌带到南半球的实验室，经过几代的连续培养，那些原本趋北的趋磁细菌会慢慢减少，而趋南的趋磁细菌会慢慢增加，反之亦然。近年来，越来越多的研究发现，趋磁细菌并不是真正作"趋磁性"运动，而是在磁场辅助下作"趋化"或"趋光"运动。也就是说，在自然环境中，地磁场只是给趋磁细菌提供了一条相对直接的双向运动轨道，而它们是否运动和朝哪个方向运动，取决于其他环境因子（比如氧气浓度等）。换句话说，地磁场对趋磁细菌只是产生了一个扭力，让趋磁细菌沿磁场方向排列或者把趋磁细菌的游泳方向大致限定在磁场方向上，细菌的游泳靠自身的"小电动机"——鞭毛的转动而推进。

那么，趋磁细菌的这种"磁辅助-趋化"运动对它们有什么好处呢？

早期科学家通过计算发现，只需要合成十多个链状排列的磁小体，就足以让一个趋磁细菌在自然界水体中完全按照地磁场方向排列。然而，有的趋磁细菌能在细胞内合成几十个甚至成百上千个磁小体，这些磁小体也不完全是排列成一条链，有的排列成链束、多个链束，或者并不排成链。很多趋磁细菌细胞内除了合成磁小体外，还能聚集大量的其他颗粒物（比如硫颗粒、多聚偏磷酸颗粒等）。这说明，趋磁细菌在"有氧-厌氧界面"附近的集中活动，可能还有更为重要的生理生化和生态学意义。这些都有待科学家们通过进一步研究来解码。

自然环境中的趋磁细菌的形貌和种类十分丰富，有球菌、杆菌、弧菌、螺旋菌和多细胞形态的趋磁细菌，它们至少分布在三个门（phylum，仅次于界的生物分类单位）的多个纲中。这些趋磁细菌都能在细胞内合成纳米尺寸的磁小体，而且磁小体的形貌、结构和链组装模式非常多样。这种丰富的多样性为我们利用趋磁细菌和磁小体开展科学研究提供了绝佳的材料。

有研究推测，趋磁细菌可能是地球上最早出现的能感知地磁场和生物矿化的生命形式。趋磁细菌死亡后，它们的细胞可能很快腐解，然而它们合成的磁小体却相对容易地被保存在沉积物和岩石中，成为磁性纳米化石（磁小体化石）（图5-13）。它们就像"磁带"一样，有可能记录了磁小体合成和埋藏时的生物学、生态学、古环境和古地磁场信息。现在，科学家通过研究古老沉积物和岩石中的这些磁小体化石，可以"一石三鸟"地开展"古地磁场、古环境和古生物学"研究工作。

研究现代环境中的趋磁细菌及其磁小体，有利于科学家从基因和蛋白质到矿物和磁学层面去认识：①基因是如何控制矿物形成和生长的过程的？②生物是如何响应或感知地磁场的？③微生物是如何参与和介导"有氧-厌氧界面"元素的地球化学循环的？这有助于从根本上揭示生物控制矿化的过程和机制，以及认识生物感磁机理等重大科学问题。

最后，趋磁细菌合成的磁小体具有晶型好、纯度高、磁性强、单磁畴尺寸和自组装等特性，在纳米生物技术和纳米生物医学等领域具有广阔的应用前景。未来有望通过生物仿生学技术，把磁小体改造成一个"纳米反应器"，用来生产优质的"生物源纳米磁性颗粒"，以用于癌症磁热疗和纳米磁分离等领域[46]。

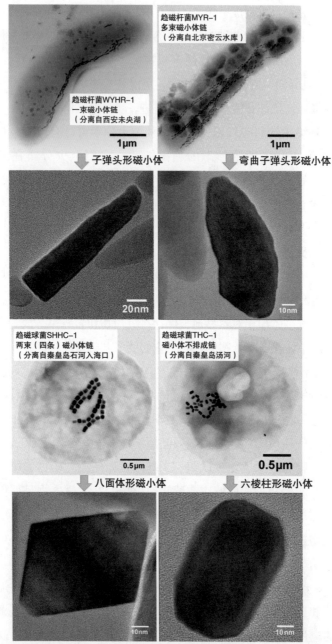

● 图5-13 西安未央湖、北京密云水库、秦皇岛石河入海口和秦皇岛汤河中分
离的四种代表性趋磁细菌以及它们合成的四氧化三铁型磁小体[47]

作者介绍

李金华

　　中国科学院地质与地球物理研究所研究员，博士生导师，博士。研究方向为地球微生物学和生物地磁学。国家自然科学基金优秀青年科学基金和中国地球物理学会"傅承义青年科技奖"获得者。

什么是范艾伦辐射带

○刘煜琦　王焱　刘凯军

1957年10月4日，苏联成功发射了世界上第一颗人造地球卫星"斯普特尼克1号"（Sputnik 1），拉开了人类探索太空的序幕。美国于次年1月31日也发射了该国的第一颗人造卫星"探险者1号"（Explorer 1）。"探险者1号"搭载了一台用于探测宇宙射线的"盖革计数器"（Geiger counter）。这是一种能探测高能粒子的仪器，可以记录下一定时间内进入仪器的高能粒子数目，从而计算出探测器所在区域的高能粒子的通量密度（单位时间内通过单位面积的粒子数）。

1958年，美国科学家詹姆斯·范·艾伦（James Van Allen）和他的同事分析了"探险者1号"上盖革计数器记录的数据，发现当卫星上升至2 000km的高空时，盖革计数器的读数突然下降为0。同年3月发射的"探险者3号"（Explorer 3）在同一高度又发现了相同的现象。范·艾伦等人推测，这是由于该区域的高能粒子通量密度非常高，超出了计数器的探测范围而导致计数器失灵。为了证实自己的推测，同年7月26日，范·艾伦和他的同事在"探险者4号"（Explorer 4）携带的盖革计数器前端加入了一小片铅，以阻挡一部分高能粒子进入计数器。结果表明，该区域确实存在通量密度很高的高能带电粒子。为纪念范·艾伦的开创性发现，该区域被命名为范艾伦辐射带（Van Allen radiation belts），又称范艾伦带。随后，"先驱者3号"

（Pioneer 3）于1958年12月6日发射。这原本是一颗飞往月球轨道的月球探测器。由于火箭发生故障，"先驱者3号"未能脱离地球轨道，在发射38h后落回地球，其间最大飞行高度为102 360km。"先驱者3号"虽然没能按计划达到月球轨道，但是它携带的盖革计数器却发现了辐射带实际上有内、外两层，从而加深了人们对辐射带的认识。

辐射带是人类探索太空的第一个重大发现。发现辐射带后，国际上掀起了探测和研究辐射带的热潮。随着越来越多的卫星发射成功，人类对辐射带的认识也日渐深入。如图5-14所示，辐射带分为内、外两层。距离地面2 000～10 000km的范围被称为内辐射带，它由高能质子和高能电子组成。外辐射带位于地面以上13 000～30 000km，主要由高能电子组成。内、外辐射带之间有一个高能粒子通量密度较小的区域，它被称为槽区。研究发现，内辐射带的性质较为稳定，而外辐射带内的高能电子通量密度则容易受太阳活动的影响而发生上千倍的变化。

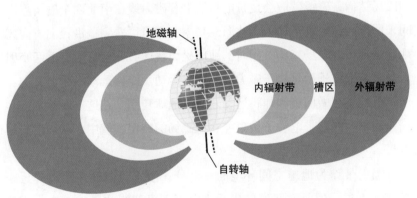

● 图5-14 辐射带的截面示意图

辐射带的存在和地磁场的结构紧密相关。地球的磁场类似于一个磁铁棒所形成的磁场。由于磁场既看不见也摸不着，物理学上经常用磁力线来表征磁场的存在及性质。地磁场的磁力线形状如图5-15所示，磁力线的方向表示该位置磁场的方向，密度则代表磁场的强度。

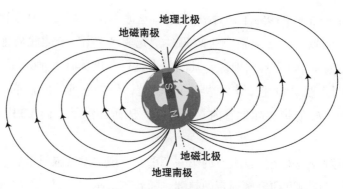

● 图5-15　地磁场结构示意图

　　带电粒子在磁场中运动时，会受到一个和磁场及粒子速度方向垂直的力的作用，这个力被称为洛伦兹力。由于地磁场磁力线的特定形状，带电粒子在地磁场中的运动可以视作三种运动的叠加（图5-16），具体如下：①由于洛伦兹力的作用，粒子会绕着磁力线做回旋运动；②沿着一条特定的磁力线，地球的偶极磁场在赤道附近较弱，而接近两极变强，构成一个被称为磁镜（magnetic mirror）的磁场结构，磁镜效应会使带电粒子沿着磁力线在南北两个磁镜点之间来回反射做弹跳运动；③从图5-15中我们可以看到，沿径向方向离地球越远，地磁场越弱，同时，地球磁力线还有一定弯曲，这两个因素导致带电粒子做垂直于磁力线的漂移运动。漂移运动沿东西方向，使带电粒子在做回旋和弹跳运动之外绕地球转圈。在这三种运动的共同作用下，高能带电粒子被束缚在地磁场的特定区域中，从而形成辐射带。

　　辐射带作为地球空间环境的一部分，虽不像阳光雨雪那样近距离接触人类，但是对我们的生活也有着不可忽视的影响。在太阳活动较为剧烈的时候，强烈的太阳风（solar wind，太阳发射出的高能粒子流）会导致地磁场出现各种扰动而引发地磁暴（geomagnetic storm）。在这些扰动的作用下，原先储存在辐射带中的带电粒子可以沿磁力线沉降，进入地球两极地区的大气层，撞击高层大气而产生绚丽的极光。如果此时你正在从北京途经北极圈飞往纽约的飞机上，那么先别顾着欣赏极光，你或许正经受着大量有害高能粒子的辐射。因此，飞机有时会改变航线以保护乘客和机组人员的健康。

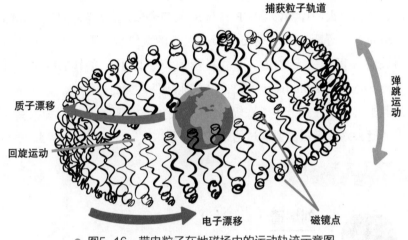

● 图5-16　带电粒子在地磁场中的运动轨迹示意图

　　受辐射带影响更大的是在其中飞行的成百上千颗通信和导航卫星。在地磁暴期间，受辐射带中高能粒子的撞击，卫星上敏感的电子器件会不堪重负，太阳能电池板也可能被损坏。如果你正在自驾游的途中，使用着GPS或北斗卫星导航系统为你指路，或者正在家里收看卫星电视节目，那你一定不希望正在为你服务的卫星因为辐射带粒子撞击而出现故障。因此，人们对辐射带的研究一直在持续，我们需要了解辐射带中高能粒子通量密度的变化规律，以保障卫星系统的安全。

　　2012年8月30日，美国发射了范·艾伦探测器（Van Allen Probes），对辐射带展开了更深入的研究。该探测器观测到了许多重要的现象，比如在内、外辐射带之间出现了第三条辐射带。这些观测研究让我们对辐射带有了更全面的认识，同时也发现了更多需要研究的现象。1958年以来，辐射带一直是空间科学最重要的研究领域之一。无数科学家耕耘其中，发展了许多理论阐释辐射带中的各种物理现象。尽管如此，我们对辐射带的了解依旧十分有限，尤其是无法准确预测辐射带的变化。

　　自1957年苏联发射第一颗人造卫星起，到探测器"旅行者1号"（Voyager 1）和"旅行者2号"（Voyager 2）成功飞向宇宙深处，再到"帕克太阳探测器"（Parker Solar Probe）首次穿越日冕（solar corona），近距离"触摸"太阳，人类的太空探索取得了令人瞩目的成就。世界航天之父、苏联科学家康斯坦丁·齐奥尔科夫斯基（Konstantin Tsiolkovsky）说过："地球是人类的摇篮，但是人类不可能永远生活在摇篮里。"辐射带由于它的位置和性质，成为人类走出摇篮，踏入宇宙需要跨过的第一道门槛。

作者介绍

刘煜琦

　　南方科技大学地球与空间科学系硕士研究生，导师为刘凯军教授。

王焱

　　南方科技大学地球与空间科学系博士研究生，主要从事地球辐射带中等离子波动的观测研究，导师为刘凯军教授。

刘凯军

　　南方科技大学地球与空间科学系教授。本科和硕士毕业于北京大学空间物理学专业，博士毕业于美国康奈尔大学。一直从事空间等离子体物理方面的研究，研究专长是等离子体动力学理论和计算机模拟，当前主要研究方向为地球辐射带中等离子体波动的激发与粒子散射。

候鸟往哪里飞

○蔡志扬

在自然界中，候鸟的迁徙，令人类着迷，并给人类带来诸多启发。在迁徙季，地球上的候鸟会成群结队地飞越高山，穿过沙漠，跨越大海（图5-17）。它们无惧风雨、昼夜兼程地追赶着，追赶来自它们心里的呼唤。

● 图5-17　候鸟的年度迁徙是自然界中最为壮观的现象之一（黄宇桐　摄）

何谓迁徙？

迁徙是动物周期性或季节性的移动。人类可以选择交通工具出行，候鸟则依靠自己的一双翅膀，并努力克服迁徙旅途中的凶险。据估计，超过一半的候鸟是在迁徙期间死亡的，因此迁徙对候鸟来说是一个非常严峻的挑战，是一场生死攸关的旅程。

候鸟迁徙的距离长短不一。在青藏高原繁殖的黑颈鹤，一年迁徙的距离不到400km[48]；而在印度洋岛屿上繁殖的漂泊信天翁，一年的迁徙距离竟长达120 000km[49]；在沿海的潮间带湿地，有一种名为斑尾塍鹬（音：chéng yù）的长距离迁徙候鸟，2007年9月，一只斑尾塍鹬在媒体上大出风头，也让不少生物学家大吃一惊——这只雌鸟用9.4天的时间，不吃不喝不睡觉，连续不停地飞了11 300km，斜跨太平洋，从美国阿拉斯加飞到了新西兰，创造了鸟类不间断飞行的最长纪录。与信天翁极其省力的滑翔式飞行不同，斑尾塍鹬迁徙飞行需要不断拍打翅膀来完成这段匪夷所思的旅程。

怎么研究候鸟迁徙？

人类对候鸟迁徙的观察与记录历史悠久。但是，由于早期缺乏有效的通信设备以及先进科技，研究效率低下，直到最近几十年才有突飞猛进的发展。

研究候鸟迁徙，为候鸟戴上标记是一个重要的方法，否则人们无法得知眼前的候鸟从何而来、飞往何处。1900年，丹麦的一位教师开始了现代意义上真正的候鸟环志工作：捕捉候鸟并给它们戴上金属环，环上刻有独立的数字字母组合，就像人们的身份号码一样独一无二。通过鸟类环志，人们对候鸟迁徙的了解慢慢深入。候鸟没有地图、日历、手表和GPS，它们是如何迁徙的？科学家通过在野外远距离观察这些标记（图5-18），开始详细记录候鸟迁徙的信息，一步一步解开谜团，并发现了更多有趣的科学问题。

● 图5-18 腿上佩戴独立彩环组合标记的黑尾塍鹬

　　虽然上述方法成本较低，但回报也相对较低。随着科技的进步，研究候鸟迁徙的方法也开始变革。1963年，科学家首次在动物身上佩戴无线电追踪器；20世纪70年代开始有卫星追踪器，这比传统的标记方法能获得更多的活动信息，但也会受到定位不精确（相差几百米到几千米）、仪器较大和电池较重而不便搬运、价格昂贵的限制，效果不理想。幸运的是，最新的卫星追踪器已经攻克了以上限制，它不但价格更低、重量更轻，还可以利用太阳能为电池充电（图5-19），并能通过GPS收集更准确且频繁的定位数据（5m误差）。

● 图5-19 在广东雷州佩戴上追踪器和编码足旗的红腹滨鹬

一些追踪器还同时备有多种智能传感器，可以记录多样而大量的行为（如活动、飞行和休息等）和环境信息（如高度和温度）。追踪器内还可以加入人工智能程序，让追踪器在不同电压下采取不同的记录对策，在电量充足时更频繁地采集数据，并根据鸟的大小、活动范围及研究目标，选择是通过卫星（卫星通信覆盖范围最广，但是数据量小、耗电且资费高昂）、全球移动通信系统（手机GSM网络，3G、4G或5G网络）还是蓝牙（最省电和便宜）来传输数据。一些更专业的追踪器还能同时记录候鸟拍翼的模式、生理状态（如心跳和代谢率）或神经生物数据（记录脑部的活动情况，从而得知鸟的真正作息情况）。

这些革新技术除了能告诉科学家候鸟的迁徙路径、停歇地点、迁徙时间与速度以外，还能提供候鸟的活动规律、群体互动以及个体身体状况等详细信息，为科学家深入了解候鸟，特别是体型较小的候鸟的迁徙过程与策略提供了极好的条件，并可以实时与候鸟"同步迁徙"，圆人们迁徙飞翔之梦。

| 候鸟为什么要迁徙？

生存与繁衍是最有可能的答案。迁徙旅途固然危险，但克服了迁徙过程中的种种障碍后，下一代可以在一个竞争压力较低、资源相对丰富和天敌较少的安全环境下健康成长。因此，经过长年累月的自然选择，不少鸟类都演化出迁徙的行为及其所需的适应能力，来充分利用这些短暂而带季节性的环境资源去繁殖下一代。

然而，鸟类长年累月演化出的迁徙行为，现正因人类活动而受到影响。气候与自然环境变化速度太快，很多候鸟来不及应对，迁徙的代价越来越高，而生存和繁殖的回报却逐步下降，人类也许正在见证候鸟迁徙系统消亡及其附带的生态系统服务功能的丧失（如减少虫害、传播植物种子和促进海陆营养循环等）。为了保存候鸟迁徙这个大自然的奇观，高科技的追踪手段成了监测候鸟应对环境变化的重要手段之一。

关于候鸟迁移的真正原因，人们目前还无法确定。法国导演、编剧雅克·贝汉在纪录片《迁徙的鸟》中，把候鸟的迁徙比喻为一个关于归来的承诺，候鸟一直在遵从祖先世世代代的约定。这也是大自然与人类的约定，只要人类保护好环境，候鸟就会如期而至，而人类又是否能遵守这个约定呢？

作者介绍

蔡志扬

　　南方科技大学环境科学与工程学院研究助理教授。新西兰梅西大学生态学博士，毕业后曾在澳大利亚昆士兰大学从事博士后研究，后在迪肯大学担任副研究员。研究兴趣包括动物生态学、保护生物学、湿地生态学及环境管理。过去10年主要研究迁徙水鸟的生态与保护，从个体和种群尺度上系统研究候鸟在中国和澳大利亚的种群数量变化、分布和行为习性等。

自然界的水为什么五颜六色

○冯炼

　　水是生命之源，地球表面约71%被水覆盖。在正常情况下，水是没有颜色的，例如矿泉水、山泉水等。水体在自然界为什么会呈现出"五颜六色"呢？如图5-20所示，由物理知识可知，自然界物体的颜色差异主要是由于它们对太阳光可见光波段（波长390～780nm）反射能量的不同而造成的。太阳光在水体中传播时，会产生三个物理过程：反射（reflection）、吸收（absorption）与散射（scattering）。这些过程会受外部环境与水中物质组分的影响，从而使水体产生不同的颜色。

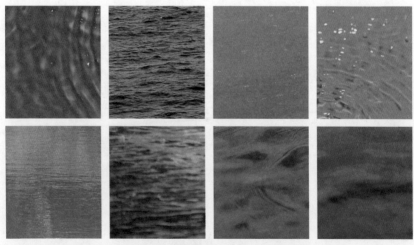

● 图 5-20　自然水体呈现出不同的颜色

太阳光到达水面（即水气界面，air-water interface）后，部分光子首先会被直接反射到天空中。水气界面反射强度的大小与水体表面的粗糙度、太阳光的入射方向等有关。而当入射角大于48.5°时，全部的入射光将被水气界面反射，此时我们看到的水体颜色来自天空的颜色而非水体本身。同理，当我们以较大角度侧视水面时，看到的颜色也是来自天空而非水体本身。

光子穿透水面后，水分子会吸收电磁波，并产生热能给水体增温。另外，没有被吸收的光子会被散射而改变传播方向，其中部分散射光将沿反方向传播（或称"后向散射"，backscattering）并离开水体，进入人眼。因为水体对电磁波吸收的强度随波长的增加而增加，所以在清洁的水体（例如开阔的大海）中，被反射并进入人眼的可见光多集中在波长较短的蓝光区域，从而使得水体呈现蓝色。

水中的物质组分结构会改变水对光的吸收与散射特征，而能引起水体颜色改变的组分主要包括悬浮泥沙（suspended sediment）、叶绿素（chlorophyll）、有色可溶性有机质（colored dissolved organic matter），这三种水体组分结构也被称为水色三要素（图5-21）。

● 图5-21　水色三要素及Forel-Ule水色指数测量

悬浮泥沙含量的高低体现了水体的浑浊程度，而悬浮泥沙的存在会显著提升水体在红光波段的散射强度，因此浑浊水体呈现黄红色，例如湍急的河流、暴雨过后的池塘等。叶绿素是水体中藻类浓度的重要指标，可以反映水体的富营养化程度。叶绿素会在绿光波段产生反射峰，因此藻类富集（水华暴发）的水体一般呈绿色。有色可溶性有机质指的是水中的腐殖质，它对蓝光有强吸收作用，而当其含量达到一定程度时，水体将会呈现褐色（例如原始森林里的湖泊）。值得注意的是，自然水体中这三类物质组分都会普遍存在，不同组分的含量高低、比例等都会直接影响水体颜色。然而，前面提到的矿泉水、自来水等装在容器里后，因为水量很小，对光的吸收、散射等作用较小，所以不会出现自然界中的各种颜色。

矿物质颗粒物（如碳酸钙、硫酸镁）会影响光在水中的散射强度及方向，使水体呈现五彩斑斓的颜色。这种现象在我国云南省普遍存在，这也是它获"五彩云南"美誉的主要缘由之一。另外，这种现象在我国四川九寨沟、青藏高原、内蒙古高原等区域的内流湖中也比较常见。在内流湖区，湖泊是水流的终点，矿物质通过地表径流进入湖泊后不断富集，由于水分的蒸发，矿物质浓度不断升高。特殊的藻类因含有色色素，也会导致水体产生各种颜色。在高盐度水体中出现的杜氏盐藻（*Dunaliella salina*）会将水体染成红色（如美国的大盐湖，Great Salt Lake）。

水体的颜色因为与水中不同物质的浓度有关，所以往往被用于表征其水质状况。在生活中，我们大致可以通过水体颜色的差异判别水质状况。例如清澈见底的河流水质好，而发生水华现象的湖泊水体呈现墨绿色。100多年前，科学家就将自然水体颜色由深蓝色到红棕色划分为21个级别（即Forel-Ule水色指数）（图5-21）。在实际的观测中，可通过比色盘定量描述出不同水体颜色的差异，从而研究水体颜色与水体水质参数之间的关系。

卫星遥感技术出现以后，科学家基于水体颜色与水质之间的联系，可以对水环境状况进行实时掌控。简单而言，卫星遥感是利用安装在太空中的相机对地球拍照，因此利用遥感照片（影像）可以实现对海洋、湖泊、河流等水体的大范围、周期性的监测。我国太湖的蓝藻水华在遥感影像上呈现明显的绿色，这与我们在现场观测到的颜色类似。于是通过基于颜色的定量模型，科学家可以利用卫星数据实现对内陆水体水华或近海赤潮暴发面积、范围等强度信息的准确判别。目前此技术已经成功地应用在美国的墨西哥湾和中国的太湖、巢湖等区域，并能提供日、月、年等不同时间尺度的监测报告，为水环境的预警预报、政府决策等提供基础数据。

对于其他海洋灾害，例如海洋溢油、珊瑚白化等，它们最明显的特征之一就是受灾害影响的水体与正常水体颜色差异较大。目前，类似海洋灾害影响范围及强度的评估也主要依赖卫星遥感监测的水体颜色变化。相比之下，传统的船舶现场观测基本无法得到全面的数据，并且海洋观测需要大量的人力、物力和财力。

目前，有科学家将手机拍摄的照片用于解读水体的水质状况，这种方法与卫星遥感大同小异。如果未来有一个开放性的手机软件，同时有较多的志愿者，那么人们随手拍摄的照片通过平台处理后，就能作为相关政府部门与群众了解水环境实时状况的重要渠道，从而保护地球上的水资源。

作者介绍

冯炼

南方科技大学环境科学与工程学院副教授，主要从事水环境遥感的理论、方法与应用研究。国家万人计划"青年拔尖人才"，广东省青年珠江学者，中国环境科学学会青年科学家奖获得者。曾在美国南佛罗里达大学海洋学院从事博士后研究，并担任美国国家海洋和大气管理局（NOAA）水环境顾问。

全球气候变化是真的吗

○田展　刘校辰

近年来，由于气候变化加剧，极端天气事件增多，天气灾害频繁发生，给全球经济的发展带来了显著影响，也给各国人民的生活造成了危害。"全球气候变化是真的吗"不仅是普通民众十分关心的议题，世界各国决策者也迫切希望科学家可以给出准确的答案。

面对越来越严峻的气候变化问题，除了要核实气候变化的真实性外，还需要研究全球气候变化的影响因素。

首先，我们要区分天气和气候的基本内涵（表5-1）。天气是指短时间内（几分钟到几天）发生的气象现象，如雷雨、冰雹、台风、寒潮、大风等。气候是指长时期内（月、季、年、数年、数十年和数百年以上）天气的平均或统计状况，通常由某一时段内的平均值以及距平均值的离差（距平值）表征，主要反映一个地区的冷、暖、干、湿等基本特征。

气候变化则指气候平均值和气候离差值随时间出现了统计意义上的显著变化。如平均气温、平均降水量、最高气温、最低气温和极端天气事件等变化。研究表明，极端的暴雨、台风和热浪事件等，可以导致气候的平均态发生显著变化。

那么气候变化的原因是什么呢？

造成气候变化的原因主要有两类：自然波动和人类活动（图5-22）。自然波动因素包括太阳辐射、火山爆发、大气环流等，人类活动因素主要包括化石能源燃烧、工业生产、农业和畜牧业生产、废弃物处理和土地利用变化等。

表5-1　天气和气候

项目	天气	气候
定义	天气是指短时间内（几分钟到几天）发生的气象现象，如晴天、下雨、下雪、台风等	气候是指大气物理特征的长期平均状态，与天气不同，它具有稳定性
时间尺度	几分钟到几天	月、季、年、数年到数百年以上
图例	☀ ⛅ ☁ ⛈ 🌧 ⛅	春夏秋冬
举例	那边是晴天，走到这里就下雨了。	这次要出差几个月，北京的气候特点是温度低、降雨少，比较干冷。

自然波动：太阳辐射　火山爆发　大气环流

人类活动：化石能源燃烧　工业生产　农业和畜牧业生产　废弃物处理　土地利用变化

● 图5-22　气候变化的原因

地球已经有46亿年的历史，地球上的气候曾经发生过巨大的改变。地球曾经是个完全冻结的大冰球，也曾是一个炙热的大火球。目前，地球的环境非常宜居，但是一定要记住这是几十亿年演化的结果。

可是，人类活动扰动了地球气候长期的动态平衡。如果把地球的历史比作一部2h的电影，前面的119min地球经历了宇宙大爆炸、大氧化事件、寒武纪大冰期等一系列惊天动地的事件。在最后1min，人类出现了；在最后0.1s，人类进入了工业革命时代，开始大量使用煤、天然气和石油。这些资源是地球早期的微生物、藻类等历经几十亿年积累才形成的，而人类在短时间内就把这些存储的能量释放。在我们陶醉于进入人类世的同时，大自然也同样在惩罚着我们。

美国科学家基林等从1958年开始，在夏威夷的莫纳罗亚观测站不间断地测量二氧化碳的浓度，多年的观测结果表明：地球大气圈中的二氧化碳浓度逐年上升，并且与人类消耗化石燃料的增长速率一致[50]。二氧化碳和甲烷、氧化亚氮、水蒸气、臭氧、氟利昂等气体一起被统称为温室气体，它们就像温室一样吸收长波辐射，保证了地球处在一个适宜生命存活的温度区间（图5-23）。

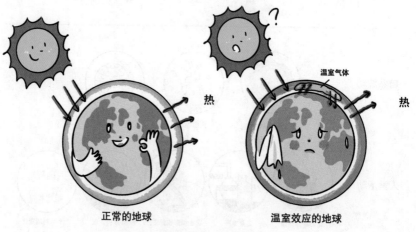

● 图5-23　温室效应

原本这些温室气体在大气圈的比例非常小（0.03%～0.04%），但由于人类大量、快速地使用化石能源，大气中温室气体的浓度快速增加。2019年，全球温室气体的浓度已经超过0.04%，是工业革命前的2倍，真切地改变了地球与外空间的能量交换平衡，从而导致气候变化。而这种气候变化中99%是由人类活动造成的，这个结论已经由《联合国政府间气候变化专门委员会第五次气候变化评估报告》得出，是不争的事实。

世界气象组织发布的《2019年全球气候状况声明》指出：2019年是有仪器记录以来温度第二高的年份，2015—2019年是有记录以来最热的五年，2010—2019年是有记录以来最热的十年。2019年结束时，全球平均气温比工业化前高出了1.1℃，气候变化和极端天气事件不断影响人类社会的经济发展、人体健康、人口移徙、粮食安全以及陆地和海洋生态系统等方面。

近百年人类造成的气候变化在地球46亿年的历史长河中就是一次极端事件！地球曾经历过6次生物大灭绝，人类是否会在不远的将来遭到自然的惩罚呢？有人说100年太久远，但其实并不遥远，如果不采取行动，我们下一代的下一代就将面临更多的气候风险，这难道不值得我们为子孙后代提早采取行动吗？我们现在的行动不仅是为了保护地球，也是为了保护我们自己。地球仍会按照它的运行轨道进行自然选择，而若人类由于自己的无知妄为破坏了地球环境，毁掉的将是自己的生存基础[51]。也许我们应该永远谦卑地记着天体物理学家、诺贝尔奖获得者威廉·福勒（William Fowler）的一句话："人类只不过是一粒宇宙尘埃。"

十万个高科技为什么

✎ 作者介绍

田展

　　南方科技大学研究副教授，博士生导师，2008—2018年任上海市气候中心气候变化室主任，其间曾访问英国气象局哈德雷气候中心、国际应用系统分析研究所，长期从事气候变化影响、适应和决策研究。曾担任《第二次国家气候变化评估报告》和《适应气候变化国家战略研究报告》的编写专家，作为核心人员编写了《上海市节能和应对气候变化"十二五"规划》和《上海市节能和应对气候变化"十三五"规划》，所提出的建议被写入了《城市适应气候变化行动方案》。

刘校辰

　　上海子慧软件有限公司软件数据分析以及技术支持专家，博士，曾为上海市气候中心高级工程师，主要从事气候变化影响评估和适应性对策研究。曾主持过国家自然科学基金青年科学基金项目以及多个省部级项目，在国内外期刊联名发表过多篇文章，并参与编写了《华东区域气候变化评估报告》等气候变化相关报告。2018年曾被聘为上海市中小学"科普校园行"科学家巡讲活动宣讲团专家。

参 考 文 献

［1］李春来，刘建军，耿言，等. 中国首次火星探测任务科学目标与有效载荷配置［J］. 深空探测学报，2018，5（5）：406-413.

［2］JAKOSKY B M, SLIPSKI M, BENNA M, et al. Mars' atmospheric history derived from upper-atmosphere measurements of ^{38}Ar/^{36}Ar［J］. Science, 2017, 355（6332）：1408-1410.

［3］DUAN R, MA X, WANG Y, et al. Adversarial camouflage: hiding physical-world attacks with natural styles［C］// Proceedings of the IEEE Computer Society Conference on Computer Vision and Pattern Recognition. ［S.l.］: ［s.n.］, 2020.

［4］ZHANG N N, LI X F, DENG Y Q, et al. A thermostable mRNA vaccine against COVID-19［J］. Cell, 2020, 182（5）：1271-1283.

［5］ZHU F C, GUAN X H, LI Y H, et al. Immunogenicity and safety of a recombinant adenovirus type-5-vectored COVID-19 vaccine in healthy adults aged 18 years or older: a randomised, double-blind, placebo-controlled, phase 2 trial［J］. The Lancet, 2020, 396（10249）：479-488.

［6］周振甫. 周易译注［M］. 北京：中华书局，1991.

［7］方克立. "天人合一"与中国古代的生态智慧［J］. 当代思潮，2003（4）：28-39.

［8］教育部中外大学校长论坛领导小组. 中外大学校长论坛文集：第二辑［C］. 北京：中国人民大学出版社，2004.

［9］MCKEEN F, ALEXANDROVICH I, BERENZON A, et al. Innovative instructions and software model for isolated execution［C］// Proceedings of International Workshop on Hardware and Architectural Support for Security and Privacy. ［S.l.］: ［s.n.］, 2013.

［10］NING Z, ZHANG F. Understanding the security of ARM debugging features［C］// Proceedings – IEEE Symposium on Security and Privacy. ［S.l.］: ［s.n.］, 2019.

［11］PATIL D, MCDONOUGH M K, MILLER J M, et al. Wireless power transfer for vehicular applications: overview and challenges ［J］. IEEE Transactions on Transportation Electrification, 2018, 4（1）: 3–37.

［12］赵争鸣, 刘方, 陈凯楠. 电动汽车无线充电技术研究综述 ［J］. 电工技术学报, 2016, 31（20）: 30–40.

［13］SECKBACH J, GORDON R. Diatoms: fundamentals and applications ［M］. New Jersey: John Wiley & Sons, 2019.

［14］ABOMOHRA A E F, JIN W, TU R, et al. Microalgal biomass production as a sustainable feedstock for biodiesel: current status and perspectives ［J］. Renewable and Sustainable Energy Reviews, 2016（64）: 596–606.

［15］WANG J K, SEIBERT M. Prospects for commercial production of diatoms ［J］. Biotechnology for Biofuels, 2017, 10（1）: 1–13.

［16］BÖHM H J, SCHNEIDER G. Protein–ligand interactions: from molecular recognition to drug design ［M］. New Jersey: John Wiley & Sons, 2005.

［17］BERNARDO-GARCÍA N, MAHASENAN K V, BATUECAS M T, et al. Allostery, recognition of nascent peptidoglycan, and cross–linking of the cell wall by the essential penicillin–binding protein 2x of *Streptococcus pneumoniae* ［J］. ACS Chemical Biology, 2018, 13（3）: 694–702.

［18］STEGMAIER T, LINKE M, PLANCK H. Bionics in textiles: flexible and translucent thermal insulations for solar thermal applications ［J］. Philosophical Transactions of the Royal Society A: Mathematical, Physical and Engineering Sciences, 2009, 367（1894）: 1749–1758.

［19］CUI Y, GONG H, WANG Y, et al. A thermally insulating textile inspired by polar bear hair ［J］. Advanced Materials, 2018, 30（14）: e1706807.

［20］ZENG Z, LIU X L, FARLEY K R, et al. GDGT cyclization proteins identify the dominant archaeal sources of tetraether lipids in the ocean ［J］. Proceedings of the National Academy of Sciences of the United States of America, 2019, 116（45）: 22505–22511.

［21］REED C J, LEWIS H, TREJO E, et al. Protein adaptations in archaeal extremophiles ［J］. Archaea, 2013, 2013: 1–14.

［22］LIPSCOMB G L, HAHN E M, CROWLEY A T, et al. Reverse gyrase is essential for microbial growth at 95℃ ［J］. Extremophiles, 2017, 21（3）: 603–608.

［23］MITCHELL J K, SANTAMARINA J C. Biological considerations in geotechnical engineering［J］. Journal of Geotechnical and Geoenvironmental Engineering, 2005, 131（10）: 1222–1233.

［24］DEJONG J T, FRITZGES M B, NÜSSLEIN K. Microbially induced cementation to control sand response to undrained shear［J］. Journal of Geotechnical and Geoenvironmental Engineering, 2006, 132（11）: 1381–1392.

［25］WANG Y, SOGA K, DEJONG J T, et al. A microfluidic chip and its use in characterising the particle-scale behaviour of microbial-induced calcium carbonate precipitation（MICP）［J］. Geotechnique, 2019, 69（12）: 1086–1094.

［26］姜良铎, 刘涓. 由过量服用牛黄解毒片（丸）引发砷中毒的反思［J］. 中国药物警戒, 2004, 1（2）: 7–10.

［27］ZHANG J, WIDER B, SHANG H, et al. Quality of herbal medicines: challenges and solutions［J］. Complementary Therapies in Medicine, 2012, 20（1–2）: 100–106.

［28］STREET R A. Heavy metals in medicinal plant products: an African perspective［J］. South African Journal of Botany, 2012（82）: 67–74.

［29］朱侠. 铅锌矿区及农田土壤中重金属的化学形态与生物有效性研究［D］. 北京: 中国科学院大学, 2019.

［30］DEBUS C, LIEB M A, DRECHSLER A, et al. Probing highly confined optical fields in the focal region of a high NA parabolic mirror with subwavelength spatial resolution［J］. Journal of Microscopy, 2003, 210（Pt3）: 203–208.

［31］吴唯. 基于光流控技术的金纳米颗粒分离［D］. 武汉: 武汉大学, 2017.

［32］SONG C, YANG Y, TU X, et al. A smartphone-based fluorescence microscope with hydraulically driven optofluidic lens for quantification of glucose［J］. IEEE Sensors Journal, 2021, 21（2）: 1229–1235.

［33］YAN R, YANG Y, TU X, et al. Optofluidic light routing via analytically configuring streamlines of microflow［J］. Microfluidics and Nanofluidics, 2019, 23（8）: 1–9.

［34］ROWLEY T. Flow cytometry: a survey and the basics［J］. Materials and Methods, 2012（2）: 125.

［35］SPALLANZANI L, VASSALLI A M. Lettere sopra il sospetto di un nuovo senso nei pipistrelli［M］. Torino: Stamperia Reale, 1794.

［36］中华人民共和国住房和城乡建设部, 中华人民共和国国家质量监督检

验检疫总局. GB/T 50083—2014 工程结构设计基本术语标准［S］. 北京：中国建筑工业出版社，2015.

［37］韩林海. 钢管混凝土结构：理论与实践［M］. 3版. 北京：科学出版社，2016.

［38］聂建国，樊健生. 广义组合结构及其发展展望［J］. 建筑结构学报，2006，27（6）：1–8.

［39］滕锦光. 新材料组合结构［J］. 土木工程学报，2018，51（12）：1–11.

［40］BRINKHUIS H, SCHOUTEN S, COLLINSON M E, et al. Episodic fresh surface waters in the Eocene Arctic Ocean［J］. Nature, 2006, 441（7093）：606–609.

［41］STOLL H M. The Arctic tells its story［J］. Nature, 2006, 441（7093）：579–581.

［42］汪品先，田军，黄恩清，等. 地球系统与演变［M］. 北京：科学出版社，2018.

［43］GULICK S, MORGAN J, MELLETT C L, et al. Expedition 364 summary［EB/OL］.（2017–12–30）［2021–04–05］. https://doi.org/10.14379/iodp.proc.364.101.2017.

［44］LIVERMORE P W, FINLAY C C, BAYLIFF M. Recent north magnetic pole acceleration towards Siberia caused by flux lobe elongation［J］. Nature Geoscience, 2020, 13（5）：387–391.

［45］CAI S, TAUXE L, WANG W, et al. High–fidelity archeointensity results for the late neolithic period from central China［EB/OL］.（2020–05–30）［2021–04–06］. https://doi.org/10.1029/2020GL087625.

［46］UEBE R, SCHÜLER D. Magnetosome biogenesis in magnetotactic bacteria［J］. Nature Reviews Microbiology, 2016, 14（10）：621–637.

［47］LI J, MENGUY N, ROBERTS A P, et al. Bullet–shaped magnetite biomineralization within a magnetotactic Deltaproteobacterium：implications for magnetofossil identification［EB/OL］.（2020–06–30）［2021–04–06］. https://doi.org/10.1029/2020JG005680.

［48］QIAN F, WU H, GAO L, et al. Migration routes and stopover sites of black–necked cranes determined by satellite tracking［J］. Journal of Field Ornithology, 2009, 80（1）：19–26.

［49］WEIMERSKIRCH H, DELORD K, GUITTEAUD A, et al. Extreme variation in migration strategies between and within wandering albatross populations during their sabbatical year, and their fitness consequences［J］. Scientific

Reports, 2015, 5 (1): 8853.

[50] KEELING C D, WHORF T P. Atmospheric CO_2 from site in the SIO air sampling network [M] // BODEN T A, KAISER D P, SEPANSKI R J, et al. Trends 93: a compendium of data on global change. Tennessee: Cardon Dioxide Information Analysis Center, Oak Ridge Nation Laboratory, 1994: 16-26.

[51] 李长生. 生物地球化学: 科学基础与模型方法 [M]. 北京: 清华大学出版社, 2016.